复杂模型的可靠性评估

验证、确认和不确定度量化的数学与统计基础

Assessing the Reliability of Complex Models

Mathematical and Statistical Foundations of Verification，Validation，and Uncertainty Quantification

验证、确认和不确定性量化数学基础委员会
数学科学及应用委员会
工程与物理科学部
美国国家科学院国家研究理事会

著

陈坚强　吴晓军　赵　炜　等译

国防工业出版社

·北京·

内 容 简 介

全书围绕复杂模型科学计算的验证、确认和不确定度量化问题,阐述了其中的数学问题和解决方法,针对性地提出了重要性原则和推荐性建议,并对验证、确认和不确定度量化的发展和推广提出了指导性意见。本书介绍了验证、确认和不确定度量化的定义、研究范畴和主要方法途径,并对不确定度和误差中的重要内容进行了具体讨论,归纳了误差和不确定度的来源。从代码验证和解验证以及近似计算模型的代理模型方法的角度,讨论了输入不确定性通过计算模型的传播问题,以及相应敏感性分析内容,从而进一步对模型确认和预测相关的一系列问题展开介绍。本书还讨论了使用计算模型和验证、确认及不确定度量化活动来进行重要决策,针对现今验证、确认和不确定度量化的最佳实践及进一步发展提出了基于数学的建议。

本书适合从事验证与确认研究及应用的各领域专业人员、相关学科研究生和高年级本科生阅读使用。

著作权合同登记 　图字:01－2022－5985 号

图书在版编目(CIP)数据

复杂模型的可靠性评估:验证、确认和不确定度量化的数学与统计基础/美国国家科学院国家研究理事会等著;陈坚强等译. —北京:国防工业出版社,2023.1

书名原文:Assessing the Reliability of Complex Models:Mathematical and Statistical Foundations of Verification, Validation, and Uncertainty Quantification

ISBN 978－7－118－12750－8

Ⅰ.①复… Ⅱ.①美… ②陈… Ⅲ.①数学模型－研究 Ⅳ.①O141.4

中国国家版本馆 CIP 数据核字(2023)第 005677 号

※

国防工业出版社 出版发行

(北京市海淀区紫竹院南路 23 号　邮政编码 100048)

天津嘉恒印务有限公司印刷

新华书店经售

*

开本 710×1000　1/16　插页 2　印张 10　字数 163 千字

2023 年 1 月第 1 版第 1 次印刷　印数 1—2000 册　定价 92.00 元

(本书如有印装错误,我社负责调换)

国防书店:(010)88540777　　书店传真:(010)88540776

发行业务:(010)88540717　　发行传真:(010)88540762

丛书序

计算流体力学（Computational Fluid Dynamics,CFD）在应用过程中,面临的最大问题就是如何回答模拟结果的可靠性问题,不确定度量化和可信度评价就是要回答 CFD 的数值结果在多大程度上是可靠的。验证（Verification）和确认（Validation）是评估和建立 CFD 模拟可信度的两个基本原则,CFD 软件系统只有经过全面系统的验证和确认之后才能在实际应用中发挥应有的作用。

国外一直高度重视 CFD 的验证确认和可信度评价,从 1987 年开始,美国和欧洲地区就开展了大规模、有组织、有计划的 CFD 验证与确认工作。1998 年,AIAA 的 CFD 标准委员会首次给出了 CFD 的"验证"和"确认"等概念的定义,标志着 CFD 的可信度研究进入了一个新的发展阶段。近年来,国外在 CFD 不确定性量化、可信度评价等验证与确认相关方法、体系,以及 CFD 工程软件的验证与确认流程等方面取得了巨大进步。

随着 CFD 在飞行器设计中的地位和作用日渐提高,国内 CFD 工作者从"九五"后期逐渐意识到了验证和确认工作的重要性,并持续开展了一系列卓有成效的研究工作。我国自主 CFD 软件的蓬勃发展,对 CFD 软件验证与确认研究的需求更加日益突出。从 2018 年开始,中国空气动力研究与发展中心在国家数值风洞工程（NNW）项目的支持下,针对 CFD 软件系统验证确认的特点和我国空气动力数值模拟软件在军用、民用领域应用的发展趋势,以及验证与确认的发展现状,借鉴国外大型数值模拟系统开发的经验,围绕推动我国 CFD 各领域跨越发展的需求,在项目中专门设置了"验证与确认系统",联合国内优势研究单位和力量,共同开展 CFD 软件验证与确认相关研究,并取得了阶段性成果。但是,与国外相比,我国 CFD 软件的验证与确认工作还有很长的路要走。

培根说:书是人类进步的阶梯。古人曰:他山之石,可以攻玉！一套科学、系统、全面的验证与确认技术参考书,可以起到阶梯和桥梁作用,为后人研究提供宝贵经验。为此,在国家数值风洞工程项目支持下,验证与确认研究团队经过精心策划,选取国外验证与确认领域的经典著作,启动了《验证与确认系列丛书》的翻译出版工作。想通过丛书,深入系统地阐述国外学者在验证与确领域取得的经验和成果,以更好地促进国内验证与确认研究的发展。

该套丛书包含了国外学者在验证与确认领域的主要研究成果,凝结了验证与确认领域众多专家学者的智慧和汗水,具有很强的系统性和实用性,可为相关专业人员提供学习和参考。期望本套丛书能够为我国验证与确认领域的人才培养和相关研究提供有益的指导和帮助,更希望本套丛书能够吸引更多的新生力量关注 CFD 软件验证与确认技术的发展,并投身于这一领域,为我国自主可控 CFD 软件的发展和验证与确认做出力所能及的贡献。

　　是为序!

陈坚强

2021 年 4 月

在工程和物理科学领域,对物理规律和原理(如麦克斯韦方程组或质量守恒)建立微分和积分方程,再进行编码建立计算模型发挥着越来越重要的作用。计算机硬件和算法的进步极大地提高了计算模拟复杂过程的能力,让过去只能借助耗资巨大的实验才能完成的模拟和分析变成现实。

目前,计算模型既可用于研究宇宙演化等大尺度过程,也可用于研究蛋白质折叠等小尺度过程。此外,它们还可以用来预测地球未来气候状况,确定制造业中的替代产品设计。但是,不管计算模型采用何种数学形式或预期用途是什么,所有计算模型都不能完美实现真实情况。

由于诸多原因,模型与现实之间存在差异。模型关键输入参数(初始条件、边界条件或控制模型的重要参数)通常具有不确定度或得不到充分描述。例如,在运行某个海洋模型之前,必须利用整个地球的温度、盐度、压力、速度等参数完成模型的初始化,但这些参量并不精确。模型和现实之间出现偏差的另一大原因是计算模型只是近似地表示数学概念。例如,必须采用网格或其他有限数据结构来表示海洋,但随着时间推移只是近似看作数学意义上的连续。模型偏离现实的根本原因在于,为了避免模型变得极其复杂棘手,必然会忽略某些现象,也会简化其他现象。

考虑到缺陷和不确定度是不可避免的,打算应用计算结果采取行动的人员应该如何看待计算结果呢? 应该在理解了模型局限性以及模型预测中固有的不确定度后,理智地看待计算结果,并保持适当信心。理想情况下,可以基于以下三个相互关联的过程(解答关键问题的过程)来理解模型局限性以及模型预测中固有的不确定度:

(1)验证。模型基本方程求解关注量的过程有多准确?

(2)确认。模型对于关注量真实性的描述有多准确?

(3)不确定度量化(Uncertainty Quantification UQ)。各项误差和不确定因素是如何影响关注量的模型预测的?

计算科学家和工程师已在开发和实现上述过程中取得了重大进展,不仅可以利用它们求出物理关注量的单一预测值,还能根据计算模型固有的不确定度和误差获得关注量取值范围的信息。然而，目前仍有许多问题尚未解决，包括各种过程和方法基于或可能基于的基础数学问题。

为了更好地认识和理解计算模拟以及模拟结果的不确定性，美国能源部国家核安全局、美国能源部科学局和美国空军科学研究局要求美国国家研究理事会负责研究验证、确认和不确定度量化（VV&UQ）的数学基础，并提出改进VV&UQ 的建议。任务如下：

（1）美国国家研究理事会的下属委员会将检查几个研究团体在大尺度模拟过程中的 VV&UQ 实践。

（2）该委员会将确定 VV&UQ 的一般概念、术语、方法、工具和最佳实践途径。

（3）该委员会将确定为建立验证和确认（V&V）科学、改进 VV&UQ 实践所需的数学科学研究。

（4）为了最有效地利用 VV&UQ，该委员会将就数学科学团体亟需的教育改革以及其他科学团体亟需的数学学科教育提供建议。

重要原则和实践

验证、确认和不确定度量化数学基础委员会的职责是关注 VV&UQ 数学方面的内容。由于该学科整体的广度，委员会将工作重点放在物理模型和工程模型上，但委员会的许多讨论适用更广的范围。本书中的案例研究旨在从 VV&UQ 的数学角度分析物理或工程因素。委员会注意到 VV&UQ 最佳实践途径中的几项关键原则：

（1）VV&UQ 任务具有相互关联性。如果代码验证不充分，则解验证研究可能无法正确表征代码解的准度。确认评估基于解验证过程对数值误差的评估，以及模型输入不确定度向关注量的传播。

（2）确定关注量后实施 VV&UQ 过程。模型可能对给定问题的部分关注量给出良好的近似，而对其他关注量表现欠佳。因此，确定了关注量的 VV&UQ 问题才能被很好解决。

（3）验证和确认并非回答"是与否"的问题，而是定量化差异。解验证用于表征计算模型解和数学模型解之间的差异。确认过程定量表征关注量的计算值和真实值之间的差异。

具体到验证，委员会确定了若干指导原则和最佳实践途径。正文讨论了所有这些原则和实践途径，并提供了详细支撑依据。此处总结了一些较为重要的原则和实践途径：

（1）原则 1：只有针对特定关注量（通常是完整计算解的函数），才能清楚定义解验证。

最佳实践途径:① 清晰定义 VV&UQ 分析的关注量,以及解验证任务。不同关注量受到数值误差的影响不同。

② 确保解验证包含不确定度量化的全部输入范围。

(2)原则2:通常情况下,可以利用代码和数学模型的层次结构来提高代码和解验证的效率和有效性,首先针对最底层实施验证,其次针对更复杂层次依次实施验证。

最佳实践途径:① 确定计算模型和数学模型中的层次结构,完成代码验证和解验证,并在代码设计过程中牢记。

② 测试套件中包含测试层次结构所有层次的问题。

(3)解验证旨在估计并尽可能控制当前问题中各关注量的误差。

最佳实践途径:① 在解验证中,尽可能采用目标导向型后验误差估计,给出特定关注量的数值误差估计。在理想情况下,选择合适的模拟保真度,使估计误差相对于其他因素导致的不确定度来说较小。

② 如果目标导向型后验误差估计不可用,尝试对当前问题进行自收敛研究(在该研究中,关注量计算基于不同粗细的网格)。

许多 VV&UQ 任务引入了在数学领域内可以解析求解的问题。确认和预测过程引入的一些额外问题需要根据专业知识做出判断,委员会确定了几项原则和相关最佳实践途径,详见正文。这里总结了一些较为重要的原则和最佳实践途径:

(1)原则1:只有清晰定义关注量以及模型预期用途所需的准度,才能很好定义确认活动。

最佳实践途径:① 在确认过程的早期阶段,定义计算的关注量和所需准度。

② 根据应用需要,调整预测过程不确定度量化活动。

(2)原则2:确认评估仅针对物理观测结果"涵盖"的适用范围,直接提供关于模型准度的信息。

最佳实践途径:① 在量化关注量的模型误差时,系统性地评估支撑数据和确认评估(对于不同问题的数据,通常具有不同的关注量)的相关性。专业知识应为相关性评估提供信息(参见上文和第 7 章)。

② 尽可能广泛地使用物理观测原始资料,以便在不同条件和多级集成中检查模型的准度。

③ 采用"拿出测试"来测试确认和预测方法。在测试中,保留部分确认数据,不用于确认过程,使用预测机器"预测"保留的关注量(包含量化了的不确定度),最后比较预测结果与保留数据。

④ 如果确认过程中使用的物理系统没有观察到预期关注量,则比较物理观测结果敏感性与关注量敏感性。

⑤ 采用多种度量比较模型输出与物理观测结果。

（3）原则3:通常利用计算模型和数学模型的层次结构来提高确认和预测活动的效率和有效性,从最底层的层次开始评估,再到更复杂层次依次完成评估。

最佳实践途径:① 确定计算模型和数学模型中的层次结构,寻找有助于分层次确认的测量数据,然后尽可能利用层次结构。

② 尽可能使用物理观测结果(尤其是在较基本的层次),以限制模型输入和参数的不确定度。

（4）原则4:确认和预测过程通常包括模型参数的说明或校准。

最佳实践途径:① 明晰用于确定或约束模型参数的数据和信息源。

② 尽可能广泛地使用观测结果,提高参数估计和不确定度的可靠性,减少不同模型参数之间的"权衡"。

（5）原则5:综合关注量预测中多个来源的不确定度和误差,包括数学模型中的偏差、计算模型中的数值和代码误差,以及模型输入和模型参数中的不确定度。

最佳实践途径:① 记录评估关注量预测值不确定度用到的假设,以及任何遗漏的因素,并说明理由。

② 评估关注量预测值及其相关不确定度对各个不确定度来源以及关键假设和遗漏信息的敏感性。

③ 记录关键判断(包括确认研究与问题的相关性),评估关注量预测值及其相关不确定度对这些判断变化的敏感性。

④ 考虑降低关注量预测不确定度的途径。

（6）原则6:确认评估必须考虑物理观测结果(测量数据)的不确定度和误差。

最佳实践途径:① 识别确认数据中所有重要的不确定度和误差来源(包括仪器校准、初始条件中的不可控变化,以及测量装置中的可变性等),并量化各来源的影响。

② 尽可能使用可重复性数据估计可变性和测量不确定度。

③ 评论:如果测量结果非直接测量获得,而是附属的反问题的结果,评估它的不确定度可能是困难的。

研 究 前 沿

在调查了VV&UQ方法及其数学基础之后,委员会确定了几项具有前景的

研究课题。第3章和第7章分别讨论和总结了已确定的验证研究领域,包括:

(1)开发目标导向型后验误差估计方法,应用于比线性椭圆型偏微分方程更复杂的数学模型。

(2)开发目标导向型误差估计算法,算法应在大尺度并行体系结构上具有良好的扩展性,尤其是在给定复杂网格(包括自适应网格)的情况下。

(3)开发误差边界估计方法,用于应对网格无法解析的重要尺度,如湍流。

(4)针对上述各种复杂数学模型开发参考解,包括"人造"解。

(5)对于由多个简单组件构成的计算模型(包括层次模型),开发相关方法可以利用简单组件的数值误差估计,以及组件耦合方式相关信息,得出整个模型的数值误差估计。

第4章和第7章分别讨论和总结了改进不确定度量化方法所需的研究。已确定的主要不确定度量化研究课题包括:

(1)开发可扩展的仿真器构建方法,在训练点处再现高保真模型结果,准确捕捉远离训练点的不确定度,并有效利用响应面的显著特征。

(2)开发现象感知仿真器,可包含被建模现象的相关信息,从而确保远离训练点的准度更高。

(3)开发罕见事件表征方法,例如,确定模型预测重大罕见事件的输入配置并估计其概率。

(4)开发跨模型层次传播和聚合不确定度与敏感性的方法(例如,如何聚合微观尺度、介观尺度和宏观尺度模型的敏感性分析,从而得到准确的组合模型敏感性)。

(5)研究和开发复合领域,包括:①从大尺度计算模型中获取数据和其他特征信息;②开发有效利用此类信息的不确定度量化方法。

(6)开发相关技术,用于解决高维不确定输入问题。

(7)开发涵盖不确定度量化任务的算法和策略,以有效利用现存和将来的大容量并行计算机体系结构。

第5章和第7章分别讨论和总结了为确认和预测提供支持的前沿研究领域。对于确认和预测,已确定的课题包括:

(1)开发方法和策略,用以量化确认和预测过程中相关判断对 VV&UQ 结果的影响。

(2)开发有助于定义模型"适用范围"的方法,包括有助于定量化近邻概念、插值预测和外推预测的方法。

(3)开发方法或框架,帮助解决将集合模型中模型之间的差异以及模型与现实之间的偏差联系起来的问题。

（4）开发模型偏差和罕见事件情况下不确定度来源的评估方法，特别是确认数据不足时。

计算建模和模拟已经在辅助科学发现、增进人类对复杂物理系统的理解、提高物理实验能力、为重要决策提供信息等方面发挥作用，并将持续在工程和物理科学（以及许多其他领域）研究中发挥关键作用。未来的发展将部分取决于 VV&UQ 方法与下一代计算模型、高性能计算基础设施和专业知识的整合程度。要实现这种整合，需要相关领域学生接受充足的 VV&UQ 数学基础方面的教育。委员会发现，目前 VV&UQ 领域的学生并未做好应对影响问题公式化、软件开发以及结果解释和呈现的不确定度的准备。根据任务要求，委员会确定了几项有助于解决这一问题的措施。

建议：①有效的 VV&UQ 教育要鼓励学生比较和思考知识获取、使用和更新的方式。

② 概率思维、物理系统建模、数值方法和数值计算等要素应纳入科学家、工程师和统计学家的核心课程。

③ 研究人员要同时理解 VV&UQ 方法和计算建模方法，才能更有效地协同利用。教育项目（包括含研究生教育的研究项目）的设计要有助于培养学生对 VV&UQ 方法和计算建模方法的理解。

④ 要为预测科学中的跨学科项目（包括 VV&UQ）提供支持，推动教育和培训，培养 VV&UQ 方法领域的高素质人才。

⑤ 联邦机构应推动 VV&UQ 资料的传播，并向教师和从业人员开展有益的活动。

总　　结

委员会研究了 VV&UQ 在预测科学和工程中的应用，重点研究了 VV&UQ 方法的数学基础，确定了关键原则，明晰了使用 VV&UQ 解决计算科学和工程领域中的难题的最佳实践途径。此外，委员会还确定了有望增强支撑 VV&UQ 过程作用的数学基础研究领域。最后，委员会讨论了专业人员教育和信息传播方面的改变，这些改变应能提高未来 VV&UQ 从业者改进 VV&UQ 方法、正确利用 VV&UQ 方法解决难题的能力，增强 VV&UQ 客户理解 VV&UQ 结果并利用这些结果做出明智决策的能力，提升所有 VV&UQ 利益相关方相互沟通的能力。委员会提出其观察的结果和建议，希望这些结果和建议有助于 VV&UQ 团体继续改进 VV&UQ 流程并扩大其应用范围。

目　录

第1章 绪 论

1.1 概述和研究章程

计算机硬件和算法的进步极大地提高了计算模拟复杂过程的能力。现在的模拟能力为解决过去只能借助耗资巨大的试验来解决的问题提供了另一种可能。但是,影响计算结果的输入几乎总是不确定的、近似条件几乎总是存在误差,数学模型几乎总是不能完全反映现实[①]。因此,物理关注量真值具有不确定度,相应的计算模型得到的关注量计算值如果不能量化或限定相应的不确定度(关注量真值和计算模型预测之间的关系),则计算结果的价值是有限的。本书认为,计算估计中普遍存在不确定度,有必要对其进行量化。作为回应 George Box 的名言"所有模型都是错误的,但有些模型可能是有用的"(Box 和 Draper,1987,第 424 页),本书探讨了通过量化模型错误程度使模型作用最大化的方式。

在典型的计算科学和工程分析中,待模拟的物理系统用数学模型表示,通常包含一个微分或积分方程组。数学模型往往采用某种程度的近似处理,可以通过计算机执行算法来获取模型的近似解。例如,通过有限差分来近似导数,以及截断级数展开等。通常情况下,通过算法近似求解数学模型的计算机代码实现称为计算模型或计算机模型。

随着计算科学和工程的不断成熟,对物理关注量计算值的不确定度的量化过程已演变成一系列相互关联的任务,即验证、确认和不确定度量化,在本书中简称为 VV&UQ。简而言之:验证表征计算模型求解数学模型的程度;确认表征模型表示真实物理系统的程度;不确定度量化在确认和预测过程中发挥着重要作用。

对计算模拟以及计算结果不确定度评估的重要性的认识不断提升,委员会要求美国国家研究理事会(National Research Council,NRC)研究 VV&UQ 的数学基础,并提出改进建议。验证、确认和不确定度量化数学基础委员会的具体任务

[①] 本书中,模型被定义为以易于操作的形式来展现世界某个部分的物件。数学模型使用数学语言和方程。

如下：

（1）美国国家研究理事会的下属委员会将检查几个研究团体在大尺度计算模拟过程中的 VV&UQ 实践。

（2）该委员会将确定 VV&UQ 的一般概念、术语、方法、工具和最佳实践途径。

（3）该委员会将确定为建立验证和确认科学、改进 VV&UQ 实践所需的数学科学研究。

（4）为了最有效地利用 VV&UQ，该委员会将就数学科学团体亟需的教育改革以及其他科学团体亟需的数学学科教育提供建议。

1.2　VV&UQ 定义

图 1.1 展现了 VV&UQ 的不同要素，以及不同要素与真实、物理系统、数学模型和计算模型之间的关系。虽然图中并未明确出现不确定度量化过程，但其在确认和预测过程中发挥着重要作用。

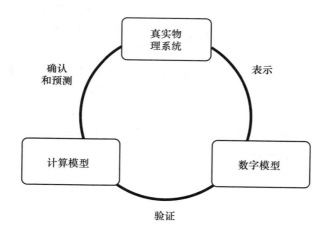

图 1.1　验证、确认和预测与真实物理系统、数学
模型和计算模型之间的关系（改编自 AIAA，1998）

对于验证、确认和不确定度量化的目的，人们有着普遍的共识，但是不同团队采用的术语定义，在细节上可能有所不同。在本书中，委员会采用以下定义：

（1）验证：用于表征计算机程序（"代码"）正确求解数学模型准度的过程，包括代码验证（确定代码是否正确实现了预期算法）和解验证（确定算法求解数学模型方程关注量的准度)。

(2)确认:表征模型在预期用途内表示现实世界准确程度的过程(摘自AIAA,1998)。

(3)不确定度量化:量化与物理关注量真值的模型计算相关的不确定度,旨在阐明所有不确定度来源,并量化特定来源对总不确定度的影响。

在本书中,关注量预测中的"不确定度量化"是对物理系统关注量可能值的定量描述(通常在一个没有观测的新状态)。定量描述可采用区间、置信区间或概率分布的形式,可能还包含对该描述的置信度评估。更多阐述参考本节和本书其余章节。

人们对于上述术语、概念和定义具有广泛但不完全一致的共识。术语表(附录 A)中详述了这些术语,还包括许多容易混淆的技术性词语。

1.3 研 究 范 围

1.3.1 关注物理或工程模型预测

从科学到工程、医学和商业,用于计算模拟复杂现实世界过程的数学模型都是核心要素。本书着重阐述的物理模型和工程模型通常作为外推预测的坚实基础。

模型种类繁多,本书重点关注的科学模型和工程模型通常由积分方程、偏微分方程和常微分方程组成。建模场景针对具体的问题和特征,严重影响VV&UQ 的实现。相关问题包括:

(1)经验主义认识水平与模型物理定律的编码。

(2)物理数据对场景所需预测的可用性和相关性。

(3)指定预测所需的插值与外推范围。

(4)正在建模的物理系统的复杂性。

(5)计算模型运行的计算需求。

贯穿本书大部分内容的建模框架在科学和工程中都很常见:数学工具完成复杂物理过程或结构的建模,通常使用偏微分方程和积分方程组成数学模型,以及数值近似求解数学模型的计算模型。关于这些问题,本书考虑了以下场景:

(1)模型受物理约束和定律的支配。

(2)相关物理观测结果的可用性是有限的。

(3)在未经测试和未观测的物理条件下,可能需要预测。

（4）正在建模的物理系统可能非常复杂。

（5）模型的计算需求可能会限制模拟次数。

当然，上述许多场景也存在于其他模拟和建模过程中。从这个层面上来说，本书中涵盖的课题适用于其他建模过程。

1.3.2 关注数学和定量问题

委员会对 VV&UQ 数学基础的关注导致其忽略了本质上更加定性的模型评估的重要概念。美国国家研究理事会的报告《环境监管决策模型》（NRC，2007a）从更广泛的角度考虑了模型评估，包括概念模型建立、同行评审和透明度等本书未考虑的课题。《行为建模和模拟：从个人到社会》（NRC，2007b）则考虑了行为模型、组织模型和社会模型的 VV&UQ。

本书利用几个示例阐述了基于数学的 VV&UQ 分析时遇到的挑战。部分示例具有广泛含义，目的是交流 VV&UQ 概念，而非讨论利用模型实施决策。VV&UQ 活动增强了决策过程，属于更大的决策支持工具组（包括建模、模拟和实验）的一部分。本书中讨论的决策类型可分为两大类：①包含在 VV&UQ 活动规划和实施范围内的决策；②利用 VV&UQ 结果做出的决策。第 6 章探讨了 VV&UQ 在决策过程中的作用，并提供了 VV&UQ 如何适应决策过程的两个示例。

1.4　VV&UQ 过程和原则

VV&UQ 过程必须考虑一组特定的关注量，而非模型的完全解。误差估计和不确定度量化针对特定的关注量。例如，在某些结构部件中，最大应力估计中的不确定度可能远高于平均应力估计；因此，没有哪一项单一的不确定度量化对这两个关注量均适用。同理，一个模型可能为一个关注量提供了准确的估计，而为另一个提供了不准确的结果。

物理系统可视为由若干子系统组成，子系统本身又由若干次级子系统组成，依此类推。同理，许多大尺度计算模型都是基于层次结构建立的，最终形成一个复杂的集成模型。图 1.2 展现了此类层次结构。

层次结构的优势在于人们可以从最底层的单元问题开始实施 VV&UQ 过程，单元问题模型的复杂度较低，而且其数据的获取也更加容易，成本也更低。完成最底层结构的 VV&UQ 过程后，其结果为下一层的 VV&UQ 奠定了基础，依此类推，直到完成整个系统及其关注量的 VV&UQ 过程。

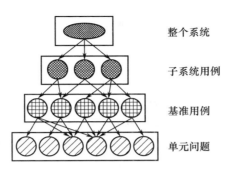

图 1.2　AIAA 建议的确认层次(基于物理系统及其代表模型的层次分解);
确认层次结构:简单的单元问题→基准用例→集成度较高的子系统→完整的
集成系统。验证和不确定度量化过程可以有效利用类似的层次结构

1.4.1　验证

代码验证是确定代码是否正确执行了预期算法的过程,它会预先假定计算机代码是基于符合预期用途的软件质量工程实践和结果而开发的。本书认为此类实践可以发挥作用,但并未进行详细讨论。代码验证依赖于已知预期算法的正确解,编写一套测试所有相关算法的问题是一项挑战。即使某个复杂科学或工程代码在大量测试中均按预期执行,也不能证明此代码没有算法错误。

解验证是确定数值算法求解数学模型准确程度的过程,必须针对可以用函数表示计算结果的特定关注量。解验证旨在估计以及尽可能控制模拟问题中各关注量的误差。特定关注量的误差不应看作与另一关注量的误差幅度相同,而是必须针对每个关注量单独进行解验证。而且一个问题中特定关注量的误差可能与另一个略微不同的问题中同一个关注量的误差存在显著差异。

如上所述,代码和解的层次组合可以提高代码验证和解验证过程的效率和效果,从最底层的层次结构开始,逐次到更复杂的层次。

1.4.2　确认

确认过程是关注量计算值(通过模型计算获得)与相应的物理关注量真值(根据物理观测或实验推断)之间的比较。为使得模型符合目的,模型的预期用途决定了关注量与真值的接近程度;也就是说,预期用途决定了模型准度要求。根据这些要求进行确认的比较。

为了定量评估模型在系统各个层次结构预测关注量的能力,设计系列确认实验时,要保证不同层次下的实验均能有效实施。通常在科学和工程应用中,模型中某些参数无论基于理论还是预先测量,均无法获知。对于确定的应用过程,参数校准指根据新测量数据推断出参数的最佳值(或多变量概率分布)。最有效、准确的校准方式是在最底层上提供所需数据,较高层次上引入了混杂因素,令参数的定量推导变得更加困难。

实践中许多因素会使确认过程复杂化,测量和推导误差会影响物理观测或实验确定的关注量。计算模型和数学模型之间的差异部分是因为数值近似以及迭代收敛不完美,给数学模型的相关推断造成困难,并且难以确定计算模型是否"出于合理原因得到了正确答案"。确认过程还须考虑模型输入参数的不确定度对关注量计算值的影响,由此涉及不确定度量化过程。这些复杂过程将在第5章"模型确认和预测"中进行讨论。

1.4.3 预测

一些专家将两种预测区分开来:一种是存在物理观测数据,在类似条件下基于模型的预测;另一种是在未经测试的新条件下做出的预测(美国航天航空学会,1998;Oberkampf 等,2004)。术语"插值预测"和"外推预测"分别指代上述两种情况。假设确认评估已对关注量计算值和预先测量推断的物理关注量之间的差异进行了量化。那么在插值预测时,可以合理假设关注量预测值和未经测试的物理关注量真值之间存在相似幅度差。相比之下,外推预测要更加困难。新的条件可能会引入建模中未妥善考虑的物理现象,可能导致预测误差比确认研究中的更大。也就是说,假定确认研究为新问题的模型误差提供了可靠的定量估计会存在一定风险。如果评估认为确认研究对新问题不可靠,则难以找到个严格的依据来量化关注量估算值的不确定度。

上述讨论中插值预测相对简单和"安全",而外推预测则相对困难并"存在风险"。直觉上看描述很精彩,但对本书中的复杂科学和工程问题,除了极其简单的设置外,并没有令人满意的插值和外推的数学定义。感兴趣的问题由大量参数表征,数学上看作一个高维问题域空间,其中每个问题都对应于空间中的一个点。在此类高维空间中,给定一组有限的物理观测数据集,则实质上任何新问题都将是此集"覆盖"域外的外推。即使一个新问题可以看作包含在物理观测结果的范围内,除非关注量是这个域空间的光滑函数,否则预测不确定度也可能是不可靠的。这些内容和相关问题将在第5章"模型确认和预测"中进行探讨。

1.4.4 不确定度量化

本书采用的不确定度量化定义描述了评估物理关注量不确定度的总体任务。这一总体任务包括若干较小的不确定度量化任务,本节做简要讨论。该讨论并未对问题进行层次分解(图1.2),但在任何 VV&UQ 过程的实施中,应尽可能考虑利用这种手段。

在下文中,假设在量化预测的不确定度之前,已成功地完成了准备工作(代码验证、必要的模型参数校准以及量化或限定模型误差的确认活动)。正如本节之前所述,必须解决的一个重要问题,即从确认研究推断出的模型误差是否与预测的新问题相关。

第一个不确定度量化任务是量化模型输入中的不确定度,通常指定范围或概率分布。模型输入包括问题中不变化的输入(如重力加速度、给定材料的热导率等)以及与问题相关的输入(如边界条件和初始条件)。

不确定度量化的一项关键工作是计算输入不确定度的传播以量化其对关注量计算值的影响。无论计算模型是否充分表示了现实情况,理解模型中输入到输出的映射是评估预测不确定度和理解模型表现的关键要素。概括地说,先采用蒙特卡罗方法生成大量的输入样本,再将这些样本输入模型计算,最后收集模型输出结果,从而实现了输入不确定度的正向传播。然而,模型的计算需求通常排除了运行大型集合模型的可能性,并且限制了高维输入参数的密集采样数量。此外,如果使用标准的蒙特卡罗方法,很难理解低概率、高后果这类罕见事件。第4章"仿真、降阶建模和正向传播"详述了 VV&UQ 的数学基础研究,着重关注克服不确定度正向传播挑战的方法。

另一项不确定度量化任务是量化物理关注量真值的可变性,这种可变性可能由随机过程或模型中缺少的"隐藏"变量导致。通过可变性的来源和性质确定合适的量化方法。

不确定度量化的一项重要工作是聚合不同来源的不确定度。不确定输入、实际的物理可变性、数值误差和模型误差等引起的关注量计算预测不确定度必须综合考虑。第4章"仿真、降阶建模和正向传播"更加详细地阐述了上文提及的不确定度量化等挑战。

1.4.5 VV&UQ 的关键原则

关于 VV&UQ 的总结如下:

(1) VV&UQ 任务具有相互关联性。如果代码验证不充分,则解验证研究可能无法正确表征代码解的准度。确认评估基于解验证过程对数值误差的评估,以及模型输入不确定度向关注量的传播。

(2) 确定关注量后实施 VV&UQ 过程。模型可能对给定问题的部分关注量给出良好的近似,而对其他关注量表现欠佳。因此,确定了关注量的 VV&UQ 问题才能被很好的解决。

(3) 验证和确认并非回答"是与否"的问题,而是定量化差异。解验证用于表征计算模型解和数学模型解之间的差异。确认过程定量表征关注量的计算值和真实值之间的差异。

1.5 不确定度和概率

统计在某种程度上取决于概率,人们对此都无异议。但是,关于概率的定义以及概率如何作用于统计,人们却产生了较大的分歧与隔阂。毫无疑问,许多分歧仅仅是术语上的分歧。只要足够多的敏锐分析,这些分歧将会消失(Savage,1954,第 2 页)。

50 多年前,人们没有实现引文最后一句愿望的能力。今天,关于概率的含义和使用以及不确定度的相关概念(如模糊逻辑)仍然存在很多争议。本书无法全面论述这些问题,也不将其作为研究的目的。为了清晰起见,本书选择一个不确定度的推导框架进行描述。

最常见处理 VV&UQ 中不确定度的方法是标准概率理论。在此方法中,用概率分布表示未知量,用概率规则组合估计计算模型的预测不确定度。本书就采用了这种方法,综合 VV&UQ 中出现的大部分(即便不是全部)不确定度,并以简单方式量化物理关注量的模型预测不确定度。这种方法并不能判断替代框架无效或存在缺失,但可以提供一个相对透明的阐述 VV&UQ 问题的简单框架。

概率方法中经常会关心两个问题。第一个问题是认知概率和随机概率之间的差异,以及这两类不确定度的组合。随机概率来自真实系统中实际出现的随机性,而认知概率通常源自知识的缺乏。

示例:假设武器制造工艺会导致 10% 的武器失效,则每件武器的随机失效概率为 0.1(随机概率)。或者假设武器的设计部分基于思辨科学,并且武器不能进行物理测试。假定科学出现错误的可能性为 10%,并且一旦出错,所有武器均会失效,但每个特定武器的失效概率仍为 0.1(认知概率)。很明显,这两个 0.1 的概率所导致的结果截然不同。

尽管本例中单件武器在任一情形下的失效概率都是 0.1,但是武器失效的联合概率分布却不同。在随机概率情形下,每件武器的单独失效概率都是 0.1;而在认知概率情形下,即使失效概率为 0.1,所有武器要么全部合格,要么全部失效。图 1.3 展现了两件武器在这两种情形下的联合概率分布。标准概率论可以正确区分出这两种情形,但是在表达结果时必须小心谨慎。采用单一指标来总结预测的概率描述可能会引起误解。例如,从武器库中随机选择的一件武器的失效概率并不能用于表示整个武器库发生失效的可能性。

许多科学家不愿意使用同样的概率方法表示知识不确定度(认知概率)和

武器单独失效

武器1

	失效	正常
武器2 失效	0.01	0.09
正常	0.09	0.81

(a) 每件武器的正常工作或失效具有独立性,正常工作的概率为90%

武器共因失效

武器1

	失效	正常
武器2 失效	0.10	0
正常	0	0.90

(b) 共因失效模式下,两件武器都能正常工作的概率为90%。在此情形下,这两件武器要么都能正常工作,要么都失效

图 1.3 武器库中两件武器可靠性的联合概率分布

真随机性(随机概率)。这种争论在科学和哲学领域已长达数百年,本书在这里不做讨论。本书采用适用于这两类不确定度的标准概率方法,同时也承认在某些应用中,人们也有充分的理由采取不同的方法。

第二个问题是,标准概率理论是一个"精确"理论,而概率判断通常是不精确的。例如,例子中的精确表述(科学出现错误的可能性为10%)可能受到质疑——难道没有可能得出 10.1% 或 10.01% 这样更准确的结果吗?关于这一点,哲学上的争论较少,因为概率判断确实不精确。目前对如何将不精确的概率判断结合到预测不确定度的综合评估中还没有一致结论,其中一种选择是在所有未排除的可能性中考虑"最坏情况"。此类最坏情况往往过于保守,无法提供有用的信息,但当并非过于保守时,便能实现强有力的不确定度评估。

委员会认为,本书使用的标准概率建模是适用于 VV&UQ 预测准度综合评估的合理的、统一的框架,但同时也对其他方法保持开放的态度。在本书中,区间描述(如 $0.09 < x < 0.11$)将转换为标准概率分布:例如,使 p 在区间(0.09,0.11)上服从均匀分布。也可采取其他处理方式,甚至在某些情况下,其他处理方式表现更好。

1.6 落球案例研究

为了便于阐明 VV&UQ 概念,采用简单直观的例子——从塔上落球。实验测量球从不同高度落到地面所需的时间。方框 1.1 对例子进行了描述,本章及第 5 章进行了讨论,概述了与 VV&UQ 相关的主要理念。本节提出模拟系统响应的简单模型,并指出各种不确定度和偏差因素是如何影响模型预测的;也可以用代表许多物理学和工程学应用的典型方式来探索模型,并确定关注量结果预测中不确定度的产生形式。本书中许多部分均有涉及。

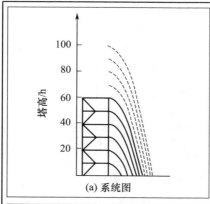

（a）系统图

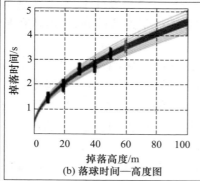

（b）落球时间—高度图

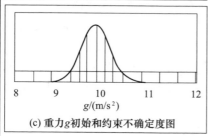

（c）重力 g 初始和约束不确定度图

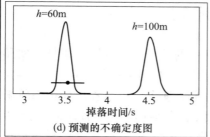

（d）预测的不确定度图

图 1.1.1　从塔上扔下保龄球算例分析图

方框 1.1　从塔上扔下保龄球

通过 60m 高塔落球实验对 100m 高塔落球实验的所需掉落时间进行预测（图 1.1.1（a））。分别在 10m、20m、…、50m 的高度将球扔下，并对相应的掉落时间进行了记录，还进行了高度为 60m 的落球确认实验。对于测得的掉落时间，不确定度服从均值为真实时间的正态分布，标准差为 0.1s。关注量为保龄球在 100m 高度掉落所需的时间。该塔高度仅 60m，因此使用计算模型帮助评估。

概念模型包含重力加速度 g，通过比较计算解与分析解，来验证评估保龄球在 10m 和 100m 之间的掉落时间。

假设物理常数 g 为 $8\sim12m/s^2$ 的未知量（浅色线条）。五个掉落时间测量值（图 1.1.1（b）中黑点）在黑色线条内给出不确定量 g 的概率密度。

对 11 个不同的 g 值（图 1.1.1（c）中的浅色线条）通过计算模型得出掉落时间。实验数据显示为 +2 个标准差宽度的误差带，未使用 60m 高度的测量误差。约束 g 值的不确定度导致了图 1.1.1（b）中暗色区域表示的掉落时间（作为高度的函数）的 95% 预测区间。

确认实验为从 60m 高度扔下保龄球，用于比较掉落时间的测量值和预测值。60m 高度掉落时间测量值（图 1.1.1（d）中黑点）与包含不确定度的预测值高度一致。

图 1.1.1（d）中的浅色线条表示关注量（100m 高度掉落时间）的不确定预测。不确定度包括了测量误差和参数不确定度，但没有考虑数值误差和模型偏差。

1.6.1 物理系统

案例中的物理系统,将保龄球从距地面高度为 h 处静止释放(方框 1.1 中的图 1.1.1(a)),记录保龄球到达地面所需的时间。保龄球被从塔高为 10m、20m、…60m 处扔下,重力作用使其做加速运动,目的是预测保龄球从 100m 高度下落到地面所需的时间。保龄球从 100m 高度下落到地面所需的时间是本实验的关注量,利用计算模型(如下文所述)以及不同高度落球实验测得的掉落时间来实现这个目标。因为塔高只有 60m,所以无法在更高高度进行落球实验。

1.6.2 模型

系统最可能的模型是假定保龄球以恒定加速度(重力常数 g)下落至地面(方框 1.1 中的图 1.1.1(b))。假设精确的重力加速度是未知量,但其值在 $8 \sim 12 \text{m/s}^2$,实验中保龄球从不同高度下落有助于减少不确定度。目前,采用均匀分布先验地表示 g 的不确定度,范围为 $8 \sim 12 \text{m/s}^2$(方框 1.1 图 1.1.1(c)中的浅色线条)。

1.6.3 验证

该问题数学模型相对简单,只要提供 g 值,就可以计算保龄球从高处落到地面所需的时间。对数学系统的求解更多采用生成系统近似解的计算方法(Morton 和 Mayers,2005;Press 等,2007)。评估结果近似的质量是验证过程的关键功能之一。验证过程着重关注计算得出的解与通过数学推导得出的解之间差异的量化和限定。在大多数应用中,由于精确解无法得到,所以量化过程具有一定挑战性。

1.6.4 不确定度来源

识别一些影响关注量最终结果预测不确定度的不确定量。首先最重要的不确定参数是重力加速度常数 g,它的不确定度会导致预测的不确定度(方框 1.1 中的图 1.1.1(d))。在其他应用中,计算模型求解数学模型的准度是一个重要的不确定度来源(但此处不涉及,因为数学模型相对简单)。

实验测量结果的性质、数量和准度也会影响预测的不确定度。测量的掉落时间和真实掉落时间的差值应在 0.2s 内(95% 概率)。计时过程或保龄球初始释放位置和速度的变化可能会造成测量时间和真实时间的偏差(有时称为测量"误差")。假设测量误差是独立的,直接影响 g 的不确定度更新值或后验值。如果使用的秒表走时稍快,所有测量的掉落时间都将系统性变小。如果测量过程存在类似系统误差,则可以利用概率解释。如果未发现此类系统影响,就更难确定合适的预测不确定度。

模型的缺陷也可能导致掉落时间预测的不确定度,例子中的简单模型没有考虑空气阻力的影响。幸运的是,在实验中保龄球的下落速度下,空气阻力对保龄球产生的影响非常小。如果用篮球代替保龄球,情况便会大不一样。如果预测准度要求非常高,可能需要额外的实验、更准确的测量和更准确的模型。

1.6.5　输入不确定度的传播

进行不确定度分析时,输入分布通过仿真模型传播,产生输出不确定度,参见方框 1.1 中 g 值初始和约束不确定度的分布。原则上可以使用蒙特卡罗模拟完成不确定度传播分析,但当模型需要计算开销时,完成分析可能非常耗时。第 4 章"仿真、降阶建模和正向传播"更加详细地讨论了在探讨模型输出如何受到输入变化影响时如何处理此类计算约束。

1.6.6　确认和预测

对于确认和预测过程,计算模型要结合实验观测结果,从而确保关注量(保龄球从 100m 高度落到地面的时间)的预测(基于模拟的预测)不确定度更加可靠。掉落时间可以用来约束 g 的不确定度,以提供更可靠的预测和不确定度。

原则上可以采用非线性回归方法,从似然观点(Seber 和 Wild,2003)或贝叶斯观点(Gelman,2004)来解决这个推断问题。事实上,方框 1.1 中的图 1.1.1(c)显示了通过实验测量减少不确定度以及保龄球掉落时间(作为高度的函数)的后验预测结果来得到 g 值的后验分布。这里叙述的预测不确定度(方框 1.1 中图 1.1.1(d)中的暗区)来源于 g 值的不确定度。但是,这种分析存在一些缺点:

(1)原则上,至少需要多次评估计算模型。

(2)假设在 g 取合适的值时,计算模型再现了真实情况。

(3)没有严谨分析当只有 60m 或更低高度的数据时,100m 高度掉落时间的预测不确定度是否增加。

这些问题凸显了 VV&UQ 数学基础领域面临的一些挑战。过去几十年来,VV&UQ 研究重点一直是有限数量模拟结果的处理方法,对计算模型存在缺陷时的预测不确定度量化方法研究相对较少。预测保龄球从 100m 高度落到地面的时间这一例子充分说明了此类情况的复杂性。

确认实验有益于评估模型温和外推的能力。实验高度为 10m、…、50m,再结合模型,做出 60m 高度降落时间的不确定度的预测。根据方框 1.1 中的图 1.1.1(d),预测和实验测量结果高度一致。但对于模型预测的 100m 高度降落时间的可信度,也很难以任何严谨的方式实现量化。

1.6.7 决策

系统建模和量化不确定度的能力可用于决定如何完善物理系统知识。具体地,什么措施能够最有效地降低预测的不确定度(预测保龄球从 100m 高度落到地面的时间)? 此类措施可能包括:实施新实验,进行额外的模拟,更精确地测量初始条件,提高实验计时能力或改进计算模型。例如,根据现有信息、成本以及新变化可能减少的不确定度,可以定量评估将塔延伸至 70m 或提高实验计时准度之间的相对优势。

1.7　本　书　结　构

继概要章节后,本书对其中简要列出的要素进行了编排和阐述。第 3 章讨论了代码验证和解验证。第 4 章讨论了输入不确定度通过计算模型的传播,以量化关注量计算值的不确定度,并完成敏感性分析。第 5 章讨论了确认和预测过程涉及的复杂课题。第 6 章讨论了计算模型和 VV&UQ 的使用,为重要决策提供信息。第 7 章讨论了过往 VV&UQ 的最佳实践途径,并确定了改进 VV&UQ 数学基础的研究。此外,该章还详述了与 VV&UQ 相关的教育问题,并为教育改革提出了建议,以提升未来 VV&UQ 相关领域人才的能力。

1.8　参　考　文　献

[1] AIAA (American Institute for Aeronautics and Astronautics). 1998. Guide for the Verification and Validation of Computational Fluid Dynamics Simulations. Reston, Va. : AIAA.

[2] Box, G. , and N. Draper. 1987. Empirical Model Building and Response Surfaces. New York: Wiley.

[3] Gelman, Andrew. 2004. Bayesian Data Analysis. Boca Raton, Fla. : CRC Press.

[4] Morton, K. W. , and D. F. Mayers. 2005. Numerical Solution of Partial Differential Equations. Cambridge, U. K. : Cambridge University Press.

[5] NRC (National Research Council). 2007a. Models in Environmental Regulatory Decision Making. Washington, D. C. : The National Academies Press.

[6] NRC. 2007b. Behavioral Modeling and Simulation: From Individuals to Societies. Washington, D. C. : The National Academies Press.

[7] Oberkampf, W. L. , T. G. Trucano, and C. Hirsch. 2004. Verification, Validation, and Predictive Capability in Computational Engineering and Physics. Applied Mechanical Reviews 57 : 345.

[8] Press, W. H. , S. A. Teukolsky, W. T. Vetterling, and B. P. Flannery. 2007. Numerical Recipes: The Art of Scientific Computing, Third Edition. New York: Cambridge University Press.

[9] Savage, L. J. 1954. The Foundations of Statistics. New York: Wiley.

[10] Seber, G. , and C. J. Wild. 2003. Nonlinear Regression. Indianapolis, Ind. : Wiley – IEEE.

第 2 章　不确定性来源

2.1　引　言

对于预测物理系统行为的计算模型,在其开发过程中,分析师(开发计算模型)和决策者(使用模型结果为决策提供信息)都需要做出大量选择。① 这些基于专家判断、数学考虑、计算考虑、预算限制以及当前应用的各个方面而做出的选择,均会影响计算模型表征现实世界的效果。其中,每一项选择都有可能致使计算模型偏离现实,从而影响确认评估,并导致模型预测不确定度。

在处理需要进行性能定量预测的系统时,分析师通常需要在分析开始前做出(或至少考虑)一系列选择,尤其需要考虑以下几项:

(1)从任何提议应用或决策的角度来看,关注量的测量。

(2)用于表征物理系统的底层定量模型或理论。

(3)该底层模型或理论对应用场景的适宜性。

(4)实现的模拟代码与底层模型或理论结果的近似程度。

(5)代码中系统表征的保真度。

上述最后四项是不确定度的主要来源。从广义上讲,分析师无法确定的事项包括:①选用哪种理论模型来预测关注量;②选定的理论模型本质上是否适合用来预测关注量;③对于给定问题的给定模型,计算实现与该问题的实际模型解能够达到何种近似程度。为了更加深入地了解不确定度和误差的来源并对其进行更加细致的分类,考虑采取一种特定的情形将会有所帮助。这种情形既要充分简化到易于处理的程度,又要复杂到同本研究的目的相关。在一个特定示例中,对上述一系列分析选项进行追根溯源,有助于阐明哪些方面的不确定度和误差可能会影响典型应用中的模拟预测。

---

① 术语"分析师"和"决策者"是指双方担任的角色。某种情况下担任决策者这一角色的人员,很有可能在另一种情况下担任分析师的角色。例如,科学家经常应邀为资助研究项目相关的行动方针提供建议。在此角色中,科学家将是基于模拟的信息的用户,而不是生产者。

2.2　射弹撞击示例问题

考虑图 2.1 中呈现的情况。该示例改编自 Thompson(1972),所述系统是圆柱形铝棒高速撞击圆柱形铝板的中心。该系统在研究射弹撞击装甲过程时,具有一定参考性。

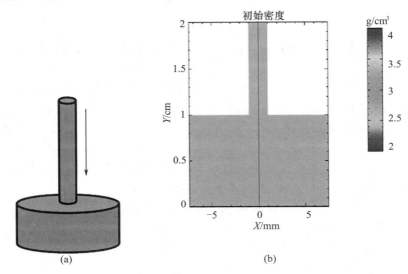

图 2.1　铝棒撞击圆柱形铝板示意图(资料来源:Thompson,1972)(见彩图)

在问题开始时,圆柱形铝棒高速向下移动,刚好接触到这块厚板(图 2.1(a))。图 2.1(b)表示穿过系统中心的"切片",并用不同颜色表示密度分布。

假设将关注重点放在铝棒和铝板系统的行为预测问题上。首先,必须确定需要对系统行为的哪些方面(即关注量)进行预测。关注量可能包括随撞击物速度变化的铝板穿透深度、铝板总体损坏程度、撞击后铝板的细观金相结构、铝棒撞击后向后喷射的板材量,以及撞击期间加载波和卸载波的时变结构等。总的来说,可视为系统关注的目标变量很多。哪些属于重要因素,取决于具体应用场景,比如是重在提高射弹性能,还是提高装甲板性能。这将在很大程度上影响分析师采取的方法。

这一阶段,一个问题浮现而出:预测需要达到怎样的准度。这也取决于具体的应用。在铝棒和铝板示例中,重要的关注量可能是随撞击物速度而变的铝棒穿透深度,而且可能几毫米以内的深度是唯一的关注量。分析师指定了相关系统、需要预测的关注量以及预测准度要求后,就可以调研并估计系统行为可能用

16

到的理论或模型了。这方面通常需要根据特定领域的专业知识加以判断。在该示例中,分析师从固体力学方程入手,假设典型撞击物的速度快到足以产生足够高的压力,再假设铝棒和铝板系统可以建模为可压缩流体,不考虑弹塑性变形和材料强度等因素。这就是基于相关背景信息的假设,大多数中等复杂应用问题都依赖于这种背景假设(无论其是否明确指明)。方框 2.1 中提出了守恒控制方程。虽然没有详细阐述热力学发展过程,但在该示例中,要指定热力学性质,就需要对模型形式做出相关假设,参见方框 2.1。将控制方程和其他假设相结合,可以确定使用的数学模型,所做出的特定假设会在基本层面上对预测的变形行为产生影响。任何一组特定假设的有效性范围经常比控制方程的有效性范围受到更多限制。后续预测结果将受到极限有效范围的限制。

方框 2.1　质量、动量和能量守恒方程

写出连续介质力学的控制方程,有助于明确铝棒和铝板分析可能采取的形式。以下为质量守恒、动量守恒和能量守恒三大定律:[1]

$$\frac{\mathrm{d}\rho}{\mathrm{d}t} = -\rho \,\nabla_k \boldsymbol{u}_k$$

$$\rho \frac{\mathrm{d}\boldsymbol{u}_k}{\mathrm{d}t} = -\rho \,\nabla_1 \boldsymbol{\tau}_{kl}$$

$$\rho \frac{\mathrm{d}E}{\mathrm{d}t} = \boldsymbol{\tau}_{kl}\, \dot{\varepsilon}_{kl}$$

式中:ρ 为质量密度;E 为单位体积的内能;u_k 为笛卡儿坐标系下的速度矢量;$\boldsymbol{\tau}_{kl}$ 为笛卡儿坐标系下的应力张量;∇_k 为关于第 k 个空间方向的微分。

能量方程中的应变率张量根据以下公式计算:

$$\dot{\varepsilon}_{kl} = \frac{1}{2}\left(\nabla_k u_1 + \nabla_1 \boldsymbol{u}_k\right)$$

动量和能量方程中的应力张量根据以下公式计算:

$$\boldsymbol{\tau}_{kl} = P\delta_{kl} + \tau_{kl}^{\mathrm{diss}}$$

这些方程具有通用性,不依赖于弹性或塑性变形、材料强度等假设。简单地说,它们只是守恒定律,引入这些守恒定律所带来的不确定度微乎其微,至少在该应用中是这样。

然而,应力张量的耗散分量($\boldsymbol{\tau}^{\mathrm{diss}}$)所用具体形式取决于近似值,尤其涉及系统的热力学规范。如果根据上述分析,决定将铝棒和铝板系统建模为黏性流体,那么应力张量的黏性分量可表示为剪切黏度(η_s)和体积黏度(η_v)的函数:

$$\tau_{kl}^{\mathrm{diss}} = \tau_{kl}^{\mathrm{NS}} = 2\eta_s\, \dot{\varepsilon}_{kl} + \left(2\eta_v - \frac{2}{3}\eta_s\right)\dot{\varepsilon}_{rr}\delta_{kl}$$

由于这些黏度(和内能)必须以热力学自变量来表示,需要采用近似值,因此仍会造成关注量预测值的不确定度增加。

---

[1] 关于这些方程和主要惯例,参见 Wallace(1982)。

此时,必须考虑方程数值模拟策略,也就是说,必须指定计算模型。但是,完成这一任务并不是显而易见的,加之流体力学方程存在非线性波(尤其是激波),使得实现难度大大增加。这里不对计算流体力学做详细探讨,但须强调的是,指定一个适定的数学模型表征物理系统,通常仅是现实问题分析的开端。在计算机上数值求解数学模型的策略会涉及影响关注量预测的重要近似。对于此类近似引起的误差,可在验证活动中加以量化。即使选择了非线性控制方程数值求解策略,也须以某种方式计算前面提到的热力学关系,这就引入了额外近似和不确定性输入参数,进一步增加了分析的不确定度。

假设计算流体力学代码(用于处理控制方程)和相关热力学参数表(用于处理热力学假设)均容易获得。下一个要考虑的问题是用于问题离散化的空间网格分辨率。有限的网格分辨率会引入数值误差,这也是导致关注量预测不确定度的另一个误差来源。数值误差引起的关注量不确定度会在验证、确认和不确定度量化过程的解验证阶段进行研究和量化。做出所有这些选择后,终于可以运行程序进行模拟,计算结果如图 2.2 所示。

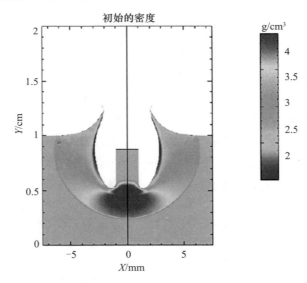

图 2.2　模拟结束时的铝棒;该图显示了穿过系统(最开始为两个圆柱体)的一个切片。采用了不同颜色表示密度(资料来源:Thompson,1972)(见彩图)

根据代码预测,在模拟中显示的时刻,铝棒穿透到铝板中的深度约为0.7cm。结果还表明,铝板经受了强烈的冲击压缩,该作用取决于铝板内的冲击位置,且形式复杂。由于加载波和卸载波之间复杂的相互作用,铝板表面存在有趣的细观结构。

分析师和决策者可能都会关注到所有这些结果或其中任意一个结果。一般来说，非线性波在真实几何结构材料中的传播无法以解析方式进行求解，因此，无法获得该问题数学模型的精确解。在没有运行代码的情况下，分析师仍可给出关注量的估计值，但是与基于合理精确模拟得出的估计值相比，这个估计值的不确定度很可能要高得多，也更加难以量化。VV&UQ 过程的一个主要目标是估计关注量的预测不确定度，但前提是可获得一些计算工具以及相关系统的实验测量结果。实验测量结果可以评估计算模型和现实之间的差异，至少在现有实验条件下，这一问题将在第 5 章"模型确认和预测"进行详细探讨。值得注意的是，实验测量结果的不确定度也会影响确认评估。关于这点，应认识到，计算模型的结果完全取决于开发计算模型时所做的大量选择，每一个选择都有可能导致关注量计算值不断偏离真实物理系统结果。如在上述任何阶段做出任何不同选择，都会产生与图 2.2 所示不同的结果。但是，结果对各项选择的敏感性可能不同，有些选择对计算结果的影响比其他选择更大。任何不确定度量化过程的主要目标都是解决当前问题的敏感性。此处讨论的问题展示了不确定度的众多来源，而这些来源在大多数物理系统或工程系统的计算分析中都可能存在。因此，从这篇粗略的概述中提取一些重要的主题是有价值的。

2.3　初　始　条　件

在该算例的讨论中，并未强调初始条件的不确定度，只是假设铝棒和铝板组合系统的初始尺寸、速度、密度等参数均为任意的已知量。然而，许多常见模拟问题并没有此类优势。例如，在不可压缩湍流的流体动力学模拟中，物理系统初始条件通常会存在很大的不确定度。原则上，必须先用某种方式对这些不确定度进行参数化，再用模拟代码进行处理，以便不同的参数设置可以描述不同的初始条件。如果建模过程的其余部分是完美无缺的（虽然这是几乎不可能的），那么初始条件的不确定度将是引起关注量预测不确定度的主要因素。在这种情况下，第 4 章"仿真、降阶建模与正向传播"中所述的输入不确定度传播方法将用来描述预测不确定度。上述算例讨论的主要作用在于，指出了除初始条件不确定度之外的许多其他可能的不确定度来源。

研究结果：不确定度量化通常是着重关注输入不确定度在计算模型中的传播，以便对输出关注量的不确定度进行量化，而对其他不确定度来源则给予极少的关注。

需要不断改进理论、方法和工具，才能识别和量化计算输入之外的其他来源的不确定度，并聚合所有来源引起的不确定度。

2.4 保 真 度

对于许多基于模拟的预测而言,另一个关注的方面是复杂系统数值表征的保真度,这点在上述算例中并未予以充分例证。在现代计算机代码中,捕捉撞击铝板的圆柱形铝棒的几何外形并非难事。然而许多其他关注问题在描述真实系统复杂几何外形方面都遭遇了巨大困难。在许多情况下,相当复杂的三维几何外形会被简化为二维、一维甚至零维。[①] 但即使保留了问题的全部维度,实际中也必须忽略复杂系统(尤其是汽车发动机等复杂系统)的许多部分,或在代码中进行相当程度的简化,目的是合理建模或使代码执行时间控制在合理范围内。

这样的决定在大多数模拟分析中都存在,它们通常是基于专家判断而做出的。关于哪些部分该忽略、哪些部分该简化,为了确定效果,一种方法是设法做一个更完整的描述,确认忽略或简化是否会对结果产生显著影响。然而,如果现实世界的每一个方面都能被准确描述,这通常就是分析师会做的事情,但在某些情况下,太过详细的建模并不可行。另一种方法是对描述进行充分简化,使其适用于可用的代码和计算机,并能接受近似描述对模拟输出的影响。这通常是获得结果的唯一合理可行策略,也是常用策略。但是,对于分析师而言,在面临如何进行系统的数值描述、判断简化是否会对模拟结果产生影响或能否会为决策者提供效用信息而做出一系列选择时,这种方法却也留下了太大的自由度。

2.5 数 值 准 度

在上述算例中提到,每一个分析师都会面临方程数值解的不确定度问题。不确定度可以分为以下三大类,其相互之间可能存在重叠:

(1)算法不当;

(2)分辨率不足;

(3)代码错误。

算法和分辨率不足均由一个共同原因导致:在计算科学和工程中,大部分数学模型均采用连续变量来表述,因此这些模型都是定义在实数域内;但所有计算机表示都是有限的。在大多数情况下,导数是有限差分,积分是有限求和。随着

----

① 常用的零维代码示例是 ORIGEN2 核反应堆同位素贫化代码,参见 Croff(1980)。

时空分辨率的提高,微分方程的不同近似算法,将具有不同的收敛特性。计算的时间和空间分辨率或概率分布的蒙特卡罗样本量总体上取决于可用的计算资源,所以某些算法可能会比其他算法更合适。可能还存在其他因素,导致一种算法优于另一种算法。应注意的是,根据多年经验教训,无论某种算法的总体表现有多好,均可能存在致命弱点,导致其在遇到某个具体问题时出错。遗憾的是,这些弱点通常必须采用以下任一方法才能发现:第一种方法是将代码与具有已知解的问题进行比较;第二种方法是将代码与现实进行比较。无论采用哪种方法,均需进行检查,确定代码出错的位置。尽管根据已知解来检查问题无疑是一种重要、有用的过程,但要确定简单问题中发现的弱点是否会在实际应用中发挥重要作用,却非常困难。此外,还应注意到,分析师针对如何考虑算法问题所做出的判断通常既复杂又有些主观。

而分辨率不足则略有不同,至少原则上它可以通过提高(或降低)时空分辨率来估计分辨率对模拟结果的影响。需要再次注意的是,在此问题上,分析师将受到计算成本的限制,也许还会受到内在算法的限制。

最后,无论代码的复杂度如何,代码出现错误属于普遍现象,并非特例。软件质量工程和代码验证本身就是高度成熟的领域。黑盒回归测试套件(用于测试软件变更是否引入新错误的软件)、人造解①和大量的测试等种种手段都是为了确保尽可能多的代码不出错。这是个老生常谈的话题,但可以肯定的是,一个错误就足以让世界上最好的、在最强大的计算平台上运行的计算模型产生的结果一文不值。

研究结果:如果将 VV&UQ 使用的方法和工具以及计算机模型中的方法和算法结合在一起,就会提高 VV&UQ 过程的价值。为此,让代码开发人员和模型开发人员学习 VV&UQ 方法论的基础知识,并让 VV&UQ 方法开发人员学习计算科学和工程的基础知识,这一点至关重要。VV&UQ 的基本要素包括优势、劣势和基本假设,都是分析师(负责根据已量化的不确定度进行预测)教育体系的重要组成部分。

2.6 多尺度现象

如果系统在时间和空间上的演化需采用计算模拟来进行预测,则此类系统本质上通常为非线性系统。流体动力学就是一个典型的例子。非线性系统的特

---

① 人造解是指以函数形式假设一个解,然后将此解代入表征数学模型的算子,获得模型方程(域和边界)源项的过程。此过程可为由这些源项驱动的模型提供精确解(Knupp 和 Salari,2003;Oden,1994)。

点在于,系统动力过程耦合了若干不同的自由度,正如在铝棒撞击铝板算例中看到的。稳定的非线性波(如激波)主要取决于动力学方程的非线性。激波与固体系统或流体系统的大尺度运动耦合,在黏性应力的作用下耗散成小尺度结构。多尺度现象通常会使得模拟复杂化。如上所述,非线性的净效应使建模者面临以下选择方案:

方案1:直接模拟所有关注的尺度。

方案2:选择截断尺度,即小于该尺度的现象将不会在模拟过程直接表征,而是用取决于截断尺度的模型替换物理模型。

每种方案都具有各自的优缺点。方案1乍一看很具有吸引力,但通常会导致计算成本(即使是一个简单问题)的显著增加,而且对于当前的目标而言,可能并无正当理由将时间耗费在进行此类模拟上。此外,该方案常常会引入一些额外参数,支配不同尺度的系统行为。这些参数需要事先校准,而且人们通常对于这些参数也知之甚少。由这些参数引起的不确定度可能会超过所有尺度都模化预期带来的附加保真度。另一方面,方案2通过限制模拟解析的自由度来减少计算成本,但它通常涉及构建人造的物理数值模型,此类模型的形式在某种程度上不受约束,并且通常具有自己的可调参数。在实践中,这种有效模型几乎需要一直调整或校准,才能再现选定问题的大尺度行为。示例问题为分析师提供了这项选择。可压缩流体数值模拟通常采用方案2。动力学建模使用了有效的数值模型,即人工黏性。

每一种方案都存在各自类型的不确定度。

2.7　参　数　设　置

如果假设小尺度行为物理形式是已知的(方案1),则方案1的剩余不确定度主要为参数不确定度,即物理模型中的参数赋值所涉及的不确定度。参数不确定度也存在有利的一面,即许多参数校准方法(如贝叶斯法、最大似然法)都可用于从实验数据(如可用)中估计参数。但是,必须考虑不同尺度直接模拟所涉及的计算成本。

2.8　选择模型形式

方案2(选择截断尺度)引入了引起模型预测偏差的潜在重要因素:模型形式的不确定度。如果通过模型来模化物理过程中截断尺度的物理行为,通常情况下,模型形式(方程所包含项的类型)并非完全满足以下要求:有效模型需要再现截断尺度以下尺度的物理特性。例如,Von Neumann – Richtmyer 人工黏性法(Von Neumann 和 Richtmyer,1950)(及其后续方法)在模拟中引入部分黏性的影响,但并不是基于对黏性产生的根源进行描述。这些方法可以模拟单一介质中平面激波的精确传播,但无法(以不同方式)模拟高维或多介质的流体动力学情况,这点很好地说明了潜在的模型形式误差。

在构建有效模型使用的典型策略中,要求有效模型遵守完整模型中出现的对称性。例如,在流体动力学中,人们更倾向于亚格子模型具有完整 Navier – Stokes 方程的对称性。[①] 然而,通常情况下,保留完全对称性群是不切实际的。即使是可行的,对称性群通常允许有无穷个满足对称要求的可能。令人遗憾的是,需要保留哪一项通常取决于不同问题,这给通用代码编写带来了困难。此外,与参数不确定度处理方法相比,用于描述模型形式误差并评估其对预测不确定度影响的方法尚处于起步阶段。但有时可以将模型形式不确定度参数化,从而将其视为参数不确定度进行处理。在施加对称性要求后,通过参数控制有效模型中各项的出现实现简化。

2.9　总　　结

这里探讨的经简化的模拟问题仍具有一定代表性,以期至少能识别出误差和不确定度的部分来源。应当明确的是,总的来说,将各种影响囊括在内,会导致关注量的计算值偏离实际值,从而增加预测的不确定度。增加的方式将在很大程度上取决于所考虑的模拟和不确定模型的细节。一些不确定度的增加是独立发生的,而另一些则可能具有较强的正相关性或负相关性。某些不确定度可能会受到可用实验数据的限制,认识这一点至关重要。最简单的一个例子是,有些实验数据会约束模拟代码中的一个或多个输入参数的可能取值。显然,这种相互作用和约束细节与分析过程密切相关。本书所述的不确定度和误差来源并非详尽无遗,但很可能会出现在大多数基于模拟的分析中。对于 VV&UQ 团体来说,发展定量方法来处理类型如此之多的不确定度和误差,是一项艰巨的挑战,但也是一个振奋人心的研究机会。

2.10　气候建模案例研究

上文讨论指出,不确定度普遍存在于现实世界各种现象的模型中,气候模型

---

① Frisch(1995,第 2 章)讨论了这些对称性。

也不例外。在此算例研究中,委员会不评判任何现有气候模型的有效性或结果,也不贬低气候建模的成功,而只是探讨如何在这些模型中使用 VV&UQ 方法来提高模型预测的可靠性,从而更加完整地构建与描绘这一重要科学领域的全貌。

气候变化是当今许多科学研究和争论的前沿课题,不确定度量化应是讨论的中心。为了奠定基础,首先描述 Stainforth 等在 2005 年做的气候模型不确定度量化分析的一项早期工作。此项研究考虑了气候模型的两种输入不确定度:初始条件的不确定度(即人们对地球气候初始状态的认知是非常不精确的,特别是海洋的状态)和参数的不确定度(即气候模型方程系数的不确定度,这与未知的或未完全表征的物理过程有关)。从一系列可能的初始状态出发,研究在模型中的传播,以此来处理初始条件的不确定度,这是天气预报的标准惯例,也是气候建模中相对常用的方法。尽管 Forest 等(2002)和 Murphy 等(2004)尝试处理模型参数的不确定度,但这种方法却不太常用。这里研究采用的气候模型是英国气象局[①]大气环流模型的一个版本,由大气模型 HadAM3[②]与混合层海洋模式耦合而成。在模型的众多参数中,与云和降水描述有关的六个参数在专家指定的三个似真值基础上变化。请注意,该气候模型的标准输出,是使用参数取值区间中间值得到的。图 2.3(b)(来自 Stainforth 等,2005)显示了参数不确定度在 15 年间二氧化碳倍增对全球平均温度变化影响预测问题上所产生的影响。本讨论并未考虑分析的校准和控制阶段,但仍然发现在二氧化碳倍增阶段结束时,全球平均温度变化的最终预测存在很大的不确定度。如果气候模型只是简单地按照通常的参数设置运行,那么只能获得一个结果,相当于增加 3.4℃。还须注意的是,气候的初始状态是未知的。为了反映这一点,气候模型总共运行了 2578 次,且模型参数和初始条件均有变化。图 2.3(a)中最终预测结果分散幅度增大,表明了全球平均温度最终预测的不确定度。

这一讨论仅仅触及了气候变化不确定度量化分析的皮毛。本研究允许的模型参数变化适中,在众多模型参数中,只有六个参数发生了变化。此外,还需考虑由模型分辨率和不正确或不完整的结构物理(如方程形式)引起的不确定度。对于模型分辨率产生的不确定度,一定程度上可以通过研究不同分辨率的模型来解决。对于不正确或不完整的结构物理产生的不确定度,可以通过比较不同的气候模型来解决(参见 Smith 等,2009)。但是,不同的气候模型在建模时很可

---

① 参见 www. metoffice. gov. uk. 检索时间:2011 年 8 月 19 日。

② 参见 Pope 等(2000)。

24

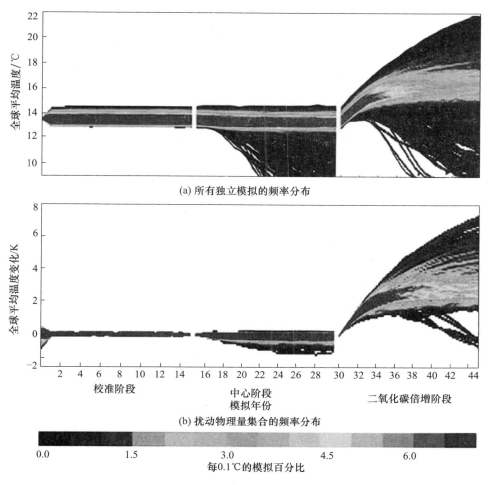

(a) 所有独立模拟的频率分布

(b) 扰动物理量集合的频率分布

每0.1℃的模拟百分比

图 2.3　在校准和控制阶段之后,(a)当初始条件和模型参数均发生变化时,以及(b)当只有模型参数发生变化时,考虑了 15 年间二氧化碳强迫倍增对全球平均温度的影响(资料来源:Stainforth 等,2005)(见彩图)

能做出许多相同的近似,而且,由于当今计算机固有的有限分辨率,也不能完全解析出复杂的拓扑特征。在气候变化中,人们对混沌行为的影响程度也知之甚少(20 世纪 30 年代的黑色风暴事件很有可能就是一次气候模型无法预知的混沌事件——参见 Seager 等,2009),区域影响可能更加多变,强制参数未来的重大变化所引起的不确定度(例如,二氧化碳实际增长水平)也应考虑在内。当然,未来二氧化碳水平取决于人类行为,这使得本已复杂的问题变得更加难以解决。

2.10.1 形式的不确定度量化对真正复杂的模型是否可行

委员会经与 James McWilliams（加利福尼亚大学洛杉矶分校）、Leonard Smith（伦敦经济学院）和 Leonard Smith（芝加哥大学）讨论后提出了一个与不确定度量化相关的更具普遍性的问题，而上述案例研究为详细阐述这个问题提供了有用的场景。这个普遍性问题就是：对复杂系统的模型进行形式的确认是否切实可行。这个问题既有哲学意义，又有现实意义，McWilliams（2007）、Oreskes 等（1994）和 Stainforth 等（2007）也对此进行了更深刻的讨论。正如报告中探讨的那样，对复杂系统进行确认是可行的，这取决于模型预期用途、应用域和特定关注量的明确定义。第 5 章"模型确认和预测"将做进一步讨论。

有几个因素会加大气候模型不确定度量化的难度，其中包括：

（1）如果系统极其复杂，那么模型必然只是对现实的粗略近似。气候模型就是这种情况，因为同时调整气候模型以匹配大量输出的难度相当大；通常可以调整全球气候预测结果，以匹配自然中的各种统计数据，但另外又会对其他预测产生偏差。对构建气候模型需要的所有简化假设造成的不确定度进行形式上量化，是一项艰巨的任务，也需要人的参与，有意义地改变模型结构，而非简单地使用软件。人们必须了解在模型构建中的哪些简化假设是相当武断的，可以采用"似真"的替代方案。

另一项根本性挑战在于，模型预测中产生的变化并非以随机方式自然发生的，因此，目前尚不清楚该如何对不确定度进行形式的描述，如何将其与问题中的其他不确定度结合起来。对于后者，可能有必要采用概率表征方法，但需了解到这种方法也存在局限性或偏差。

（2）同时考虑与气候模型相关的所有不确定性来源，以评估模型预测的不确定度，无论是在规划层面还是在技术实施方面，都极具挑战性。[①]

（3）在进行完整的不确定度量化分析之前，有就气候变化做出决策的需求。当然，这并不是气候建模所独有的，它也是诸如核武器库存管理等其他问题的共同特征。这并不意味着可以忽略不确定度量化，而是在对相关不确定度仅存部分认知的情况下需要做出决策。关于这类决策的"科学性"仍在发展，决策分析的各种版本也必定具有相关性。

---

① 参见 R. Knutti、R. Furer、C. Tebaldi、J. Cermak 和 G. A. Mehl.，多气候模型的组合预测挑战，《气候杂志》，2010，23（10）：2739 – 2758.

2.10.2 气候模型不确定度量化研究和教学的方向

尽管气候建模中实施形式的不确定度量化存在各种困难,但委员会一致认为,了解不确定度并尝试评估其影响是一项至关重要的任务。下面列出了委员会认为前景广阔的研究和教学方向:

(1)对于真正复杂的系统来说,建模是一个漫长的过程,如果不探索数学和计算方法,就无法继续下去。灌输这样一种认知是十分重要的。建模是学习系统行为,也是了解系统预测能力局限的一个过程。

(2)必须认识到,通常只能对复杂系统的一部分进行形式的不确定度量化,应该发展出利用这种部分不确定度量化的方法。例如,可以先划定由部分不确定度量化引起的预测不确定度的界限,然后列出尚未分析的其他不确定度来源。一如既往,还必须划定不确定度量化分析的应用域——例如,评估可能仅对为期20年的大陆尺度预测有效。如果意识到即使是气候模型这样的复杂系统,最终也只是更复杂系统(包括古气候模型、时空层次模型等)的一部分,则上述认知就更加重要了。

(3)建模者往往倾向于使用最复杂的可用模型,但是此类模型运行成本昂贵,以至于无法进行不确定度量化分析。使用较简单的模型并结合不确定度量化分析往往优于使用最复杂模型进行单一分析,认识到这一点将会大有裨益。例如,在天气预报中,人们发现运行一个包含初始条件集合的较简单模型所得到的预报,比单次运行一个较复杂模型所得到的预报更精确。这一发现在某种程度上启发了气候建模——将气候模型保持在一个能够考虑一系列初始条件但也能进行其他来源不确定度量化的复杂度水平上。

2.11 参 考 文 献

[1] Croff, A. G. 1980. ORIGEN2—A Revised and Updated Version of the Oak Ridge Isotope Generation and Depletion Code. Oak Ridge National Laboratory Report ORNL – 5621. Oak Ridge, Tenn. ; Oak Ridge National Laboratory.

[2] Forest, C. E. , P. H. Stone, A. P. Sokolov, M. R. Allen, , and M. D. Webster. 2002. Quantifying Uncertainties in Climate System Properties with the Use of Recent Climate Observations. Science 295(5552):113 – 117.

[3] Frisch, U. 1995. Turbulence. Cambridge, U. K. ; Cambridge University Press.

[4] Knupp, P. , and K. Salari. 2003. Verification of Computer Codes in Computational Science and Engineer-

ing. Boca Raton, Fla. : Chapman and Hall/CRC.

[5] McWilliams, J. C. 2007. Irreducible Imprecision in Atmospheric and Oceanic Simulations. Proceedings of the National Academy of Sciences 104 : 8709 – 8713.

[6] Murphy, J. M. , D. M. H. Sexton, D. N. Barnett, G. S. Jones, M. J. Webb, M. Collins, and D. A. Stainforth. 2004. Quantification of Modelling Uncertainties in a Large Ensemble of Climate Change Simulations. Nature 430 (7001) : 768 – 772.

[7] Oden, J. T. 1994. Error Estimation and Control in Computational Fluid Dynamics. Pp. 1 – 23 in The Mathematics of Finite Elements and Applications. J. R. Whiteman (Ed.). New York : Wiley.

[8] Oreskes N. , K. Shrader – Frechette, and K. Belitz. 1994. Verification, Validation, and Confirmation of Numerical Models in the Earth Sciences. Science 263 : 641 – 646.

[9] Pope, V. D. , M. L. Gallani, P. R. Rowntree, and R. A. Stratton. 2000. The Impact of New Physical Parameterizations in the Hadley Centre Climate Model: HadAM3. Climate Dynamics 16 (2 – 3) : 123 – 146.

[10] Seager R. , Y. Kushnir, M. F. Ting, M. Cane, N. Naik, and J. Miller. 2009. Would Advance Knowledge of 1930s SSTs Have Allowed Prediction of the Dust Bowl Drought? Journal of Climate 22 : 193 – 199.

[11] Smith, R. , C. Tebaldi, D. Nychka, and L. Mearns. 2009. Bayesian Modeling of Uncertainty in Ensembles of Climate Models. Journal of the American Statistical Association 104 : 97 – 116.

[12] Stainforth, D. A. , T. Aina, C. Christensen, M. Collins, N. Faull, D. J. Fram, J. A. Kettleborough, S. Knight, A. Martin, J. M. Murphy, C. Piani, D. Sexton, L. A. Smith, R. A. Spicer, A. J. Thorpe, and M. R. Allen. 2005. Uncertainty in Predictions of the Climate Response to Rising Levels of Greenhouse Gases. Nature 433 : 403 – 406.

[13] Stainforth, D. A. , M. R. Allen, E. Tredger, and L. A. Smith. 2007. Confidence, Uncertainty and Decision – Support Relevance in Climate Predictions. Philosophical Transactions of the Royal Society A : Mathematical, Physical and Engineering Sciences 365 (1857) : 2145 – 2161.

[14] Thompson, P. 1972. Compressible – Fluid Dynamics. New York : McGraw – Hill.

[15] Von Neumann, J. , and R. D. Richtmyer. 1950. A Method for the Numerical Calculation of Hydrodynamic Shocks. Journal of Applied Physics 21 (3) : 232 – 237.

[16] Wallace, D. C. 1982. Theory of the Shock Process in Dense Fluids. Physical Review A 25 (6) : 3290 – 3301.

第3章 验　证

3.1　引　言

在第 1 章中,验证被定义为表征计算机程序("代码")正确求解数学模型的准度的过程,包括代码验证(确定代码是否正确执行预期算法的过程)和解验证(对于特定关注量,确定算法求解数学模型方程的准度)。

本章详细阐述了验证过程,首先为概括性表述,然后对代码验证和解验证进行了讨论,最后总结了验证原则。

如图 1.1 所示,许多大尺度计算模型都是基于模型层次结构建立的,因此,可以实施验证研究,将这些模型的层次结构或组合反映到集成模拟工具中。由于子模型更经得起广泛技术的检验,所以利用这种子模型组合,可有利于代码验证和解验证的研究。例如,代码验证可以有效地利用"单元测试",来评估给定代码的基础软件层次结构是否正确执行预期算法。因此,基于先前已测试的基本单元,可以更加容易地完成代码层次结构中下一层的测试。又如,在涉及物理现象相互作用的计算中,如果针对单个现象进行解验证,那么解验证将获得辅助并得以增强。后续章节包含一个隐含假设,即在可能的情况下应遵循此层次分解原则。

验证与确认和不确定度量化的过程会预先假定一个计算模型或计算机代码,这个计算模型或计算机代码是基于符合其预期用途的软件质量工程实践而开发的。软件质量保证(Software Quality Assurance,SQA)程序为实施复杂的计算机代码验证和解验证奠定了重要基础。利用基于风险的软件质量分级,可逐步将软件质量保证投入到软件开发的实际运用中。这种分级的基本概念也很简单——软件使用过程的相关风险越高,软件开发就必须越谨慎。这种方法的目的是在程序性驱动因素、科技创新和质量要求之间取得平衡。软件开发要求可能会体现在法规、命令、指南和合同中,例如,美国能源部(Department of Energy,DOE)提供的文件就详细规定了软件质量要求(DOE,2005)。一些标准还列出了具体活动,作为保证相应软件质量的基本要素(美国国家标准学会,2005)。软件质量工程学科提供了一系列可以落实的实践。例如,能源部针对软件质量实践提供了一系列建议目标、原则和指南(DOE,2000)。这些实践的具体应用可依据开发环境和应用领域进行调整。例如,许多科学团体普遍采用软件配置管理和回归测试作为实践。

3.2 代码验证

代码验证是确定计算机程序("代码")是否正确执行预期算法的过程。迄今为止,已经提出了各种代码验证工具及其使用技术(Roache,1998,2002;Knupp和Salari,2003;Babuska,2004)。许多科学团体对验证过程的应用也愈发普遍。例如,4.5节所述电磁学案例研究中采用的计算机模型,就使用了经过仔细验证的模拟技术。代码验证工具包括但不限于依照解析解和半解析解(即误差可控的独立解)以及"人造解方法"进行比较。人造解方法是指以函数形式假设一个解,然后将此解代入表征数学模型的算子,获得模型方程(域和边界)源项的过程。针对由这些源项驱动的模型,此过程可提供精确解(Knupp和Salari,2003;Oden,2003)。

研究人员将代码结果同误差可控的独立解("参考"解)进行比较,可以评估出代码实现所能达到数学方程组期望解的程度。由于参考解是精确的,并且代码实现了精确解的数值近似,因此,可以对照收敛速度的理论预测值来测试实际值。通常,作为一项单独的补充性活动,可以构建出离散化问题的参考解,从而为计算模型(而非数学模型)提供独立解。通过这项验证活动,可以在预先渐进机制下对正确性进行评估。为了使此类参考解在数学上易于处理,选择了简化的典型模型问题(例如,具有较低维度的模型问题,以及具有简化物理和几何的模型问题)。对于更复杂的问题,几乎无解析解和半解析解。方程组(如代表耦合物理、多尺度、非线性系统的方程组)日趋复杂,因而需要开发误差可控的独立的解。其中,开发给定应用领域相关的解尤其具有挑战性。同理,随着数学模型变得越来越复杂,源项表达式中项数规模和复杂性均有增加,在管理和实现模型源项时需更加谨慎,因此,人造解的开发变得更加困难。

另一项挑战是需要构造出展现模型不同特征的人造解,这些特征涉及物理系统模拟,如不同的边界条件、几何尺寸、现象、非线性或耦合。5.9节所述的预测工程和计算科学(Predictive Engineering and Computational Sciences,PECOS)中心研究所用到的验证方法,就采用了人造解方法。最后,如5.9节所述,人造解或解析解应再现解的已知复杂特征,如边界层、界面效应、各向异性、奇异性和规律性丧失。

部分团体会采用交叉代码比较(其中不同代码用于求解偏微分方程的同一离散化系统),并将其称为验证。尽管这种活动在一定条件下可以提供颇具价值的信息,并有助于确保准度和正确性,但它并不是本书中所指的"验证"一词。通常,实施比较的参考代码本身就不可验证。交叉代码比较中的一大难点在于,确保代码能够模拟相同问题;这些代码在其实现效果和效果实现方式上均有所不同,可能很难模拟相同的物理过程和问题,所以需要针对不同的代码模拟相同的问题;理想情况下,可以采用一种独特的误差控制数值技术来得出参考解。

完成代码验证研究后,可以对规定的条件下(如选定的关注量、初始条件和边界条件、几何以及其他输入条件)计算机程序中实现预期算法的正确性进行表述。为了确保代码在更改后仍能继续实施验证测试,通常会将研究中的验证问题纳入代码开发测试套件中,作为软件质量实践的一部分。

在实践中,回归测试套件由一系列测试构成。用于回归套件的问题可能出现两种情况:连续变量的解为已知数,或者问题是在考虑特定解(人造解)的情况下构造而成的。除了单元测试(代码某个特定部分或"单元"的测试)、集成测试(代码集成单元的测试)和用户验收测试等其他类型的测试之外,此类套件还可能包括验证测试(包括同连续解、离散化问题解和人造解的比较)。执行这些验证研究并扩充测试套件有助于确保计算机代码的质量和谱系。随着代码开发的持续进行,关于测试套件的定期传递是否充分和适宜的问题随之而生。现已开发出各种指标(覆盖率指标),用于衡量测试覆盖代码各个方面的能力,包括计算机代码的源代码行、代码功能和代码特征(Jones,2000;Westfall,2010)。覆盖率指标通常用于衡量计算机代码某一特定部分的执行情况,而与输入值无关,因此,解释覆盖率指标的结果时必须谨慎,尤其对于科学计算代码开发而言。在不确定度量化研究中,已探索了各种各样的输入参数,这些参数可能会导致算法和物理模型(甚至是那些经过大量测试的算法和模型)出现意料之外的结果。

一些软件开发团队发现,采用静态分析工具,包括融合了逻辑检查算法的工具,对于执行源代码检查具有一定实用价值(Ayewah 等,2008)。静态代码分析是指在不实际执行软件的情况下对软件进行分析的一种技术。现代静态分析工具以一种类似于编译器处理的方式解析代码,创建整个程序代码的语法树和数据库,再根据一组规则或模型对整个程序代码进行分析(Cousot,2007)。基于这些规则,分析工具可以创建代码疑似缺陷报告。通过与这些规则相关的形式体系,可根据严重程度和类型对潜在缺陷进行分类。由于分析工具可以访问整个源代码的数据库,所以以代码实现期间处于不同位置的源代码语句组合而成的缺陷可被识别出来(例如,在某一段代码实现期间分配了内存,而在返回控制流之前未释放该内存)。此类分析工具可以帮助验证源代码是否正确实现了预期算法。但是,迄今为止,这些工具所能回答的代码问题数量有限、相关代码的复杂度也有限。因此,这些工具在科学和工程模拟软件的拓展应用,以及工具最终能够回答的问题种类方面,仍是有待进一步研究的课题。

3.3　解　验　证

解验证是对于特定关注量,确定或估计算法求解数学模型方程准度的过程。现已针对解验证开发了一系列工具,包括但不限于先验误差估计、后验误差估计[①]和网格自适应,从而使数值误差最小化。最复杂的解验证技术在物理模拟中结合了误差估计和误差控制(采用 h 型、p 型或 r 型自适应方法)。

关注量通常表示为跨问题域完全计算解的泛函。数学模型方程解通常为一组因变量值,这些因变量值在一组自变量所定义的空间内的若干点上完成评估。例如,因变量可以为压力、温度和速度,自变量可以为位置和时间。通常情况下,我们关注的不是每个点上的值,而是更聚合的量(如时空区域中的平均压力),即完整解的泛函。

研究结果:解验证(确定代码中数值方法求解模型方程的准度)仅在特定关注量的情况下有用,特定关注量通常是完全计算解的泛函。

针对不同的逐点量和泛函,计算解的准度可能大不相同。关注量预测过程的离散化和分辨率要求可能有所不同(例如,跨空间域上积分值的预测可能不如局部高阶偏导数的预测那么严格),因此,识别关注量很重要。在 5.9 节中介绍的 PECOS 案例研究中,将关注量作为解验证的一个基本方面。

解验证是一个数值误差估计的问题,旨在估计关注量计算值相对于底层数学模型所得关注量精确值的误差。代码验证考虑的是对专门设计代码来进行处理的某类简化问题形成通用表达,而解验证则关乎特定的大尺度建模问题,这个问题是模拟工作的核心,具有特定输入(边界条件和初始条件、本构参数、解域、源项)和输出(即关注量)。解验证过程的目的是估计和控制当前模拟问题的误差,最复杂的实现方式是在求解过程中在线进行,以确保代码计算得到的数值解是对底层数学模型真实解的可靠估计。并非所有离散化技术和模拟问题均会达到这种复杂程度。解验证也可采用相关的参考解、自收敛和其他技术,以在执行当前模拟之前对数值误差进行估计和控制。

解验证实践可采用误差可控的独立的解("参考"解)。研究人员可将代码

---

① 先验误差估计通过检查模型和计算机代码来完成;后验误差估计通过检查代码执行结果来完成。

结果与参考解进行比较,以估计所用离散方程引入的数值误差,并评估准度级别。在复杂的非线性、多重物理量模拟中,保持二阶收敛甚至一阶收敛可能存在困难。此外,与当前模拟明确相关的参考解也难以获得,尤其是非常复杂的大尺度模型,所以这种方法在解验证中的应用是有限的。对于复杂的问题,包括具有强非线性、耦合物理现象、跨尺度耦合和随机行为的问题,需要更多具有关注现象特征的参考解。如为这些复杂问题以及其他复杂的非线性、多重物理量问题生成相关的参考解,将能扩大这种解验证方法适用的问题范围。

解验证也可使用代码本身来生成高分辨率参考解,这一实践被称为"自收敛"研究。如能获取严谨的误差估计,就可以用离散解推断出无限分辨率的解。如果没有这种误差估计,则可采用最高分辨率模拟作为"收敛的"参考解。此类研究可用于评估在关注量中实现自收敛的速度,并确定离散和精度要求,用于控制当前模拟问题的数值误差。这种方法的优势是,关注问题的复杂度仅受当前研究代码和所用计算能力的限制,不受需要独立的误差可控的解的限制。

数值误差估计方法通常分为先验估计和后验估计两类。当近似参数(如网格尺寸)被加密时,先验估计(如适用)可以提供关于收敛速度的有用信息,但对于关注量数值误差的量化几乎没有用处。后验估计旨在实现数值误差的定量估计(Babuska 和 Stromboulis,2001;Ainsworth 和 Oden,2000)。后验估计方法包括用于全局误差测量的基于残差的显隐式方法、各种 Richardson 外推法[①]、超收敛恢复方法以及基于伴随解的目标导向方法。特别是基于伴随解的目标导向方法,随着它的最新发展,各种方法应运而生,在许多情况下,它们能为特定应用和特定关注量提供有保证的误差边界(Becker 和 Rannacher,2001;Oden 和 Prudhomme,2001;Ainsworth 和 Oden,2000)。此项研究整合了在当前模拟问题中控制关注量数值误差所需的各项要素。最新扩展的领域包括:处理随机偏微分方程(Almeida 和 Oden,2010)中的误差多尺度、多重物理量问题(Estep 等,2008;Oden 等,2006)误差的能力,以及处理分子模型、原子模型以及原子—连续介质混合模型(Bauman 等,2009)误差的能力。并行自适应网格加密(Adaptive Mesh Refinement,AMR)方法(Burstedde 等,2011)已与基于伴随解的误差估计器集成,可实现并行巨型计算机上超大尺度问题的误差估计(Burstedde 等,2009)。

尽管最近在基于伴随解的目标导向方法的开发上取得了一定成功,但仍然面临诸多挑战,包括为更广泛类别的问题(椭圆型偏微分方程以外的类别)发展

---

① Richardson 外推法是一种用于加快序列收敛速度的数值技术,参见 Brezinski 和 Redivo - Zaglia(1991)。

双侧边界、向随机偏微分方程的进一步扩展,以及对非光滑和混沌系统伴随矩阵的泛化。此外,发展和扩展实现自适应和复杂网格(如 p 型和 r 型自适应离散化和自适应网格加密)误差估计理论也是一大挑战。对于复杂的多尺度、多重物理量模型,严谨的后验误差估计以及所有误差分量自适应控制的发展,仍是未来十年计算数学研究的热点领域。

研究结果:已存在估计线性椭圆型偏微分方程双侧紧界的解的数值误差方法。但在更复杂的问题中,包括具有非线性、耦合物理现象、跨尺度耦合和随机性(如随机偏微分方程)的问题,则缺乏估计类似紧界的数值误差方法。

解验证过程的结果有助于定量估计影响关注量的数值误差。采用更复杂的技术,就能在模拟中控制数值误差,研究人员也可以设定一个特定的最大容许误差,再对模拟进行调整,以满足该要求,但前提是有足够多的计算时间和内存。通常情况下,此类自适应技术可以控制模型中存在的离散误差。然后,这些技术可以用于管理模拟中的总误差,包括离散误差以及由迭代算法和其他近似技术引入的误差。

研究结果:目前,已存在相关方法来估计和控制多类偏微分方程中的空间和时间离散误差。考虑线性和非线性迭代方法的不完全收敛,有必要将误差管理与误差控制技术相结合。尽管已在线性问题背景下以最佳方式在离散误差和解误差之间找到了平衡(例如,McCormick,1989;Rüde,1993),但要将这种理念扩展到复杂的非线性、多重物理量问题上,仍然有待研究。

解的总误差管理为提高整个验证、确认和不确定度量化(VV&UQ)过程的效率提供了机会。与验证过程的其他方面一样,总误差管理最好是在使用模型和关注量的情况下进行。对于特定关注量的"最佳物理"估计与用于训练降阶模型的模型集合,误差管理方式可能不同。在整个 VV&UQ 研究中,适当地管理总误差可以缩短研究的周转时间。

3.4　验证原则总结

根据上文对代码验证和解验证的讨论,现将重要原则总结如下:

(1)解验证必须针对特定关注量实施,特定关注量通常是完全计算解的泛函。

(2)解验证旨在估计和控制(如可能)当前模拟问题的各关注量误差。

(3)通常可以利用代码和解的层次组合来提高代码验证和解验证过程的效率和有效性,首先对最底层的层次结构实施验证,然后依次移动到更复杂的层次。

（4）对按照软件质量实践（包括软件配置管理和回归测试）开发出的软件实施的验证最为有效。

3.5　参　考　文　献

［1］ Ainsworth, M. , and J. T. Oden. 2000. A Posteriori Error Estimation in Finite Element Analysis. New York： Wiley Interscience.

［2］ Almeida, J. , and T. Oden. 2010. Solution Verification, Goal – Oriented Adaptive Methods for Stochastic Advection – Diffusion Problems. Computer Methods in Applied Mechanics and Engineering 199（37 – 40）： 2472 – 2486.

［3］ American National Standards Institute. 2005. American National Standards：Quality Management Systems – Fundamentals and Vocabulary ANSI/ISO/ASQ Q9001 – 2005. Milwaukee, Wisc. ： American Society for Quality.

［4］ Ayewah, N. , D. Hovemeyer, J. D. Morgenthaler, J. Penix, and W. Pugh. 2008. Using Static Analysis to Find Bugs. IEEE Software 25（5）：22 – 29.

［5］ Babuska, I. 2004. Verification and Validation in Computational Engineering and Science：Basic Concepts. Computer Methods in Applied Mechanics and Engineering 193：4057 – 4066.

［6］ Babuska, I. , and T. Strouboulis. 2001. The Finite Element Method and Its Reliability. Oxford, U. K. ： Oxford University Press.

［7］ Bauman, P. T. , J. T. Oden, and S. Prudhomme. 2009. Adaptive Multiscale Modeling of Polymeric Materials with Arlequin Coupling and Goals Algorithms. Computer Methods in Applied Mechanics and Engineering 198：799 – 818.

［8］ Becker, R. , and R. Rannacher. 2001. An Optimal Control Approach to a Posteriori Error Estimation in Finite Element Methods. Acta Numerica 10：1 – 102.

［9］ Brezinski, C. , and M. Redivo – Zaglia. 1991. Extrapolation Methods. Amsterdam, Netherlands：North – Holland.

［10］ Burstedde, C. , O. Ghattas, T. Tu, G. Stadler, and L. Wilcox. 2009. Parallel Scalable Adjoint – Based Adaptive Solution of Variable – Viscosity Stokes Flow Problems. Computer Methods in Applied Mechanics and Engineering 198：1691 – 1700.

［11］ Burstedde, C. , L. C. Wilcox, and O. Ghattas. 2011. Scalable Algorithms for Parallel Adaptive Mesh Refinement on Forests of Octrees. SIAM Journal on Scientific Computing 33（3）：1103 – 1133.

［12］ Cousot, P. 2007. The Role of Abstract Interpretation in Formal Methods. Pp. 135 – 137 in SEFM 2007, 5th IEEE International Conference on Software Engineering and Formal Methods, London, U. K. , September 10 – 14. Mike Hinchey and Tiziana Margaria（Eds. ）. Piscataway, N. J. ：IEEE Press.

［13］ DOE（Department of Energy）. 2000. ASCI Software Quality Engineering：Goals, Principles, and Guidelines. DOE/DP/ASC – SQE – 2000 – FDRFT – VERS2. Washington, D. C. ：Department of Energy.

[14] DOE. 2005. Quality Assurance. DOE 0414. Washington, D. C. : Department of Energy.

[15] Estep, D. , V. Carey, V. Ginting, S. Tavener, and T. Wildey. 2008. A Posteriori Error Analysis of Multiscale Operator Decomposition Methods for Multiphysics Models. Journal of Physics: Conference Series 125: 1 – 16.

[16] Jones, C. 2000. Software Assessments, Benchmarks, and Best Practices. Upper Saddle River, N. J. : Addison Wesley Longman.

[17] Knupp, P. , and K. Salari. 2003. Verification of Computer Codes in Computational Science and Engineering. Boca Raton, Fla. : Chapman and Hall/CRC.

[18] McCormick, S. 1989. Multilevel Adaptive Methods for Partial Differential Equations. Philadelphia, Pa. : Society for Industrial and Applied Mathematics.

[19] Oden, J. T. 2003. Error Estimation and Control in Computational Fluid Dynamics. Pp. 1 – 23 in The Mathematics of Finite Elements and Applications. J. R. Whiteman (Ed.). New York: Wiley.

[20] Oden, J. T. , and A. Prudhomme. 2001. Goal – Oriented Error Estimation and Adaptivity for the Finite Element Method. Computer Methods in Applied Mechanics and Engineering 41 :735 – 756.

[21] Oden, J. T. , S. Prudhomme, A. Romkes, and P. Bauman. 2006. Multi – Scale Modeling of Physical Phenomena: Adaptive Control of Models. SIAM Journal on Scientific Computing 28(6) :2359 – 2389.

[22] Roache, P. 1998. Verification and Validation in Computational Science and Engineering. Albuquerque, N. Mex. : Hermosa Publishers.

[23] Roache, P. 2002. Code Verification by the Method of Manufactured Solutions. Journal of Fluids Engineering 124(1) :4 – 10.

[24] Rüde, U. 1993. Mathematical and Computational Techniques for Multilevel Adaptive Methods. Philadelphia, Pa. : Society for Industrial and Applied Mathematics.

[25] Westfall, L. 2010. Test Coverage: The Certified Software Quality Handbook. Milwaukee, Wisc. : ASQ Quality Press.

第4章 仿真、降阶建模和正向传播

计算模型可用于模拟各类精细的物理过程,比如湍流、地下水水文学和污染物输运、流体动力学以及核反应堆分析和气候建模等应用中发现的多重物理量等。一般来说,运行此类模型需要耗费高昂的计算成本,为模型评估和探索带来了挑战。事实上,持续使用模拟器来执行敏感性分析、不确定度分析和参数估计等任务通常并不可行。相反,分析师只能通过调用计算模型(调用次数有限)或使用完全不同的模型来实现其目的。本章对计算机模型仿真和敏感性分析方法进行了探讨。

解决不同但却具有相关性的问题的仿真设置须分为两类。第一类仿真设置是为了近似计算机模型输出对输入参数的依赖性。在此情况下,如未观察到全部范围的模型输出,或者使用另一个模型代替高成本的计算模型,就会导致不确定度的产生。仿真器包括回归模型、高斯过程(Gaussian Process,GP)插值器、模型输出的拉格朗日插值法以及降阶模型。

第二类仿真问题类似于第一类,但需额外考虑当前输入参数本身的不确定度,将在4.2节做详细讨论。因此,第二类仿真的目的是,在预先设定的输入参数分布下对输出分布或其特征进行仿真。各类统计抽样(如蒙特卡罗抽样)是能将输入参数不确定度映射到输出参数不确定度的有效手段(McKay 等,1979)。在最基本的形式中,抽样并非保持输出对输入参数的函数依赖性,而是产生在所有输入参数上同时取平均值的量。而混沌多项式(Polynomial Chaos,PC)等方法则试图利用数学结构来实现更有效的关注量估计。事实上,使用混沌多项式展开法能让关注量不确定度的表征更加容易,然后便可使用数学或计算方法来探索不确定度。

最后,在进入本章节前,应注意到以下细节。所述方法(如仿真、降阶建模和混沌多项式展开法)均使用在不同输入参数设置下模拟产生的输出集来捕捉计算模型的行为,其目的是在计算预算有限的情况下,最大程度地增加不确定度量化研究可用的信息量。术语"仿真器"最常用于描述第一类仿真问题,后文中采用了此术语。此外,除非另有说明,否则计算模型均被假定为确定性模型。也就是说,在相同的输入参数设置下,代码重复运行将产生相同的输出。

4.1　计算模型的近似处理

使用统计代理(或仿真器)表示模型中的输入/输出关系,以及使用降阶模型,是两种广泛采用的可有效降低模型探索计算成本的方法。例如,当执行敏感性分析时,或者当不确定度在计算机模型中传播时(见4.2节以及4.5节中关于电磁干扰现象的示例),可以使用降阶模型(4.1.2节)或仿真器(4.1.1节)代替计算机模型。当然,与任何近似法一样,获得的估计值准度会有所下降,分析师需要考虑在准度和成本之间进行权衡。

4.1.1　计算机模型仿真

如果设置中仿真模型的计算成本较高,可以采用仿真器来代替。通常将计算机模型视为黑盒,构建仿真器则可看作是一种响应面建模操作(如 Box 和 Draper,2007)。也就是说,目标是通过调用模拟器(调用次数有限)完成模型输入—输出映射的近似。

许多合适的参数和非参数回归技术可以很好地近似计算机模型响应。例如,在模型运行之间进行插值的方法,如高斯过程模型(Sacks 等,1989;Gramacy 和 Lee,2008)或拉格朗日插值法(Lin 等,2010)。此外,也存在不插值模拟但已用于代替计算机模型的方法,包括多项式回归(Box 和 Draper,2007)、多变量自适应回归样条(Jin 等,2000)、投影寻踪(Ben – Ari 和 Steinberg,2007,为了与多种方法进行比较)、径向基函数(Floater 和 Iske,1996)、支持向量机(Clarke 等,2003)和神经网络(Hayken,1998)等。如果模拟器具有随机或噪声响应(Iooss 和 Ribatet,2007),那么此情况就类似于噪声物理系统抽样,其中随机误差包括在统计模型中,尽管可变性可能也取决于输入。在此情况下,可以指定上述任何一个模型,以便在模拟器的仿真中考虑模拟器响应的随机性。

如果关注的是对未抽样输入参数位置的预测不确定度(如标准差或预测区间)进行表征,那么在进行确定性计算机模型仿真时就必须小心谨慎。为了处理与常用噪声设置之间的差异,Sacks 等(1989)提出用高斯过程建模计算机代码的响应,从而为大部分其他方法(如多项式回归)无法实现的不确定度量化(如预测区间估计)提供依据。一种相关随机过程模型(其概率分布比高斯过程概率分布更具有普遍性)也可以用于此插值任务。高斯模型的一大显著优势在于,在抽样点处对过程进行调节,并对未抽样输入参数的不确定度进行表征后,能一直保持在易于处理的高斯形式。

举例说明,考虑图4.1中预测区间的行为。图4.1(a)所示为确定性计算机模型输出参数的高斯过程拟合,图4.1(b)给出了使用普通最小二乘法回归(采用勒让德多项式集合)的相同数据拟合。这两种表示法都很好地模拟了计算机模型的输出参数,但高斯过程具有显著优势。要注意的是,拟合的高斯过程模型通过观测点,从而完美表征了已抽样输入参数处的确定性计算模型。此外,在已进行模拟运行的位置点(预测是已被模拟的响应),预测不确定度被完全消除。而且,得到的预测区间符合人们对确定性计算机模型不确定度的预期——在观测输入点处,预测不确定度为零,越靠近这些输入点,预测不确定度越小;而越远离这些输入点,预测不确定度越大。

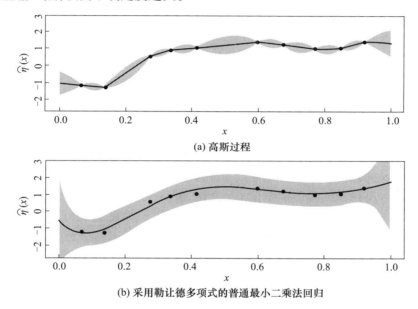

(a) 高斯过程

(b) 采用勒让德多项式的普通最小二乘法回归

图 4.1　确定性计算机模型的两种预测区间拟合

尽管有上述优点,但是高斯过程和相关模型也确实存在着一些不足之处。例如,总体规模较大时,高斯过程和相关模型就难以实现。与高斯过程相比,许多响应面方法(如多项式回归或多变量自适应回归样条)就可以处理更大的样本量,并且计算速度更快。因此,调整这些方法,使其具有与确定性设置中高斯过程相同的推导优势(图4.1),是当前和未来的研究课题。

在未来的几年里,随着计算资源速度和可用性的增加,仿真将不得不在越来越大的输入空间上面临大的总体。如果总体规模太大,现有的仿真方法往往会以失败告终。为了适应越来越大的总体规模,制定适用于高性能计算架构的新计算方案将势在必行,以确保仿真器适应计算机模型输出,并基于这些仿真器产生预测。

研究结果：目前还不存在可扩展的方法，可以构建出能够再现 N 个训练点中每个训练点的高保真模型结果、准确捕捉远离训练点处的不确定度并且有效利用响应面显著特征的仿真器。

目前，大多数响应面拟合技术都将计算模型视为一个黑盒，忽略了被建模的物理系统中可能存在的连续性或单调性等特征。结合了此种现象论的增强仿真器可以使得远离训练点的准度更高（Morris，1991），例如，目前利用导数或伴随信息的方法，就属于包含了被建模现象相关附加信息的仿真器。

研究结果：许多仿真器的构建仅利用了训练点处各值相关的知识，而不包括被建模现象的相关信息。结合了此种现象论的增强仿真器可以使得远离训练点的准度更高。

4.1.2 降阶模型

另一种计算模型仿真方法是使用正向模型的降阶版本，正向模型本身也是现实的降阶模型。目前，有多种方法可以实现这一点，其中最先进的是基于投影的模型降阶技术。这些降阶技术旨在识别状态空间内的低维子空间，此子空间中存在系统的"主导"动态（即，准确表征输入—输出行为所需的重要动态）。将系统控制方程投影到这个低维子空间，可产生一个降阶模型。在对模型降阶问题进行适当公式化后，可在离线阶段预先计算投影过程的基础和其他要素，从而得到一个可快速评估和求解新参数值的降阶模型。

在过去十年内，模型降阶主要在正向模拟和控制应用领域取得了实质性进展。但模型降阶在加快不确定度量化应用方面也具有巨大潜力，同时也面临着一个挑战，即导出满足以下条件的降阶模型：①可准确估计相关统计数据（这意味着在某些情况下，该模型可能需要充分表征当前不确定度量化任务的整个关注参数空间）；②在构建和求解上具有较高的计算效率。

近年来，大尺度系统的参数化和非线性模型降阶已经取得了实质性进展。线性非时变系统方法现已非常成熟，包括本征正交分解（POD）（Berkoz 等，1993；Holmes 等，1996；Sirovich，1987）、基于 Krylov 的方法（Feldmann 和 Freund，1995；Gallivan 等，1994）、平衡截断（Moore，1981）和缩减基法（Noor 和 Peters，1980；Ghanem 和 Sarkar，2003）。将这些方法进行扩展，用于处理非线性和参数变化问题，对于推动模型降阶从正向模拟和控制向优化和不确定度量化应用转变，发挥了重要作用。

现已开发了多种非线性模型降阶方法，其中一种是使用轨迹分段线性化方案。该方案采用了线性模型的加权组合，在沿状态或参数轨迹的选定位置点，对非线性系统进行线性化,可获得这些线性模型(Rewienski 和 White,2003)。其他方案则提出使用缩减基或本征正交分解(Proper Orthogonal Decompostion,POD)模型降阶法,通过对原始方程子集的选择性抽样,来实现非线性项的近似(Bos 等,2004;Astrid 等,2008;Barrault 等,2004;Grepl 等,2007)。例如,Astrid 等在 2008 年提出,使用基于"gappy POD"理论的缺失点估计方法(Everson 和 Sirovich,1995),通过选择的空间抽样,对降阶模型中的非线性项进行近似。也可使用经验插值方法(Empirical Interpolation Method,EIM),通过经验基函数的线性组合来完成非线性项的近似,其中,函数的系数通过插值确定(Barrault 等,2004;Grepl 等,2007)。最新研究工作已确立了离散经验插值方法(Discrete Empirical Interpolation Method,DEIM)(Chaturantabut 和 Sorensen,2010),此方法是经验插值方法的延伸,涵盖了更普遍的问题种类。尽管这些方法在一系列应用中取得了成功,但非线性模型降阶仍面临着一些挑战。例如,当前方法限制了可以考虑的非线性系统形式,此外,面对非局域非线性的问题也可能存在困难。

对于参数模型降阶,现已存在几类方法。尽管对不同参数值收集的信息之间具有共同的插值主题,但每种参数变化的处理方式却不同。上述经验插值方法和离散经验插值方法可用于处理某些种类的参数变化系统。在电路领域,基于 Krylov 的方法已经得以扩展,涵盖了参数变化,也再次限制了可以考虑的系统形式(Daniel 等,2004)。另一类方法是将投影基的变化近似为参数的函数(Allen 等,2004;Weickum 等,2006)。扩展投影基的另一种方法是在降维子空间之间进行插值(Amsallem 等,2007),例如,针对在不同参数点构建的 POD 基,在与其格拉斯曼流形相切的空间中进行插值,或在降阶模型之间进行插值(Degroote 等,2010)。

从以往情况来看,降阶模型在不确定度量化方面的应用并不如代理模型方法(见 4.2 节)那么普遍,后者是近似全部输入参数到观测对象的映射。关于模型降阶在不确定度量化中的应用的最新例子包括统计反问题(Lieberman 等,2010;Galbally 等,2010)、热传导不确定度正向传播(Boyaval 等,2009)、计算流体动力学(Bui – Thanh 和 Wilcox,2008)以及材料(Kouchmeshky 和 Zabaras,2010)。

研究结果:利用模型降阶进行不确定度的优化,将是未来研究的一个重要领域。

4.2　输入参数不确定度的正向传播

在许多设置下,计算机模型的输入参数是不确定的,可以视为随机变量。于是关注点放在了输入参数分布不确定度向确定性计算机模型输出的传播。而模型的输出分布或其部分特征才是典型研究的主要关注点。例如，人们可能会关注输出分布的第95个百分位数，或者关注输出均值及其相关的不确定度。

这里考虑的方法，要么将计算模型视为黑盒（非嵌入式技术），要么要求对底层数学模型进行修改（嵌入式技术）。此外，活动被划分为以下两种设置：①模拟器评价次数本质上不受限（如蒙特卡罗和混沌多项式）；②能获取的模拟器运行次数相对较少（如高斯过程、混沌多项式和准蒙特卡罗）。

最直接的方式是采用蒙特卡罗抽样方法——可以直接从输入参数分布中进行抽样，并在各输入参数设置下评估计算机模型的输出。关注量估计值（平均响应、置信区间、百分位等）从模型输出的诱导经验分布函数求得。一般而言，蒙特卡罗抽样不依赖于输入空间维数或模型复杂度。有了这项优势，当正向模型复杂且有多个输入，但运行速度足够快时，蒙特卡罗抽样法便脱颖而出。然而，在许多现实问题中，蒙特卡罗法可能需要执行数千次代码才能产生足够的准度。使用准蒙特卡罗方法，可以显著减少所需功能评价的次数（Lemieux，2009）。这依赖于相对较少的输入配置，目的是通过随机样本模拟结果的属性来估计输出分布的特征（拉丁超立方抽样；McKay等，1979；Owen，1997）。

基于蒙特卡罗的方法尚不完善，无法利用物理或数学结构来加快计算速度。在最基本的形式中，抽样并不保持输出对输入参数的函数依赖性，而是在所有输入上同步得到结果的平均量。与此相反，混沌多项式方法（Ghanem和Spanos，1991；Soize和Ghanem，2004；Najm，2009；Xiu和Karniadakis，2002；Xiu，2010）则可利用输入参数概率测度所提供的数学结构来开发近似方案，其先验收敛结果通过数值分析中常用的Galerkin投影和谱逼近获得。混沌多项式方法包括两个基本步骤。第一步：在合适的向量空间中描述关于基的随机函数、变量或过程。基的选择可做调整，以适应输入参数分布（Xiu和Karniadakis，2002；Soize和Ghanem，2004）。第二步：使用函数分析机制（如正交投影和误差最小化）计算该表征形式下的坐标。这些坐标可用于快速评价输出关注量，以及输出不确定度相对于输入参数不确定度的敏感性（局部和全局）。

通常采用嵌入式和非嵌入式方法来确定与混沌多项式的近似关系。所谓的非嵌入式方法是将计算混沌多项式分解中的系数转化为计算多维积分，并通过稀疏求积和其他数值积分规则来近似多维积分。而嵌入式方法是基于初始控制方程，合成出用于控制混沌多项式分解中系数行为的新方程。在嵌入式不确定度传播方法中，需要对正向模型或其伴随模型进行重组，直接产生不确定输入参数导致的不确定模型输出的概率表示。这些方法包括混沌多项式方法，以及局部敏感性分析和伴随方法的扩展。不同于4.1.1节中描述的第一类仿真器，无论哪种情况下,此类仿真器都旨在将模型输入参数不确定度直接映射到模型输出不确定度。

另一项策略是,首先构建计算机模型的仿真器(4.1.1节),然后通过仿真器传播输入参数分布(Oakley 和 O'Hagan,2002;Oakley,2004;Cannamela 等,2008)。本质上是将仿真器视为快速计算机模型,再运用探讨过的方法。在这些情况下,必须阐明随机变量引起的输出分布可变性以及计算机模型仿真不确定度产生的原因(Oakley,2004)。当然,除了直接蒙特卡罗方法以外,几乎所有方法都将面临维数灾难。阐明此类可变性的原因是未来研究的一个重要方向。有趣的是,如果能将计算机模型假设为具有已知相关函数和方差参数的高斯过程,则高斯过程中模型输入参数不确定度分布的传播(即响应面方法)和混沌多项式方法均可以作为解决同一问题的替代方法,这两种方法都能为探索关注量不确定度提供有效途径。

4.5 节所述的极具挑战性的问题重点关注电磁干扰(Electromagnetic Interference,EIM)应用中观测对象统计数据(如均值和标准差)的估计,它的解结合了混沌多项式展开特征,以及不确定度传播之后的仿真特征(Oakley,2004)。对于该应用,计算机模型输出作为输入参数配置的函数,表现出准无序性。在这些情况下,利用局部信息的仿真器通常会比利用单一全局模型的仿真器更有效。在此具体案例研究中,计算机模型采用经非嵌入式计算的混沌多项式分解方法进行仿真,并且使用鲁棒仿真器来尝试对局部特征进行建模。采取的方法与Oakley(2004)的方法类似,只是需要先构建仿真器,再将输入参数分布在整个仿真器中传播来近似关注量的分布。

当关注量是位于输出分布中心的估计值时,为了探索模型输出不确定度而采取的输入参数分布变化传播方法尤为有效。然而,决策者通常最关注罕见事件(如极端天气情况,或导致系统失效的条件组合)。由于这些罕见事件位于输出分布末端,使用上述方法进行探索通常不切实际。对于高维输入参数而言,这个问题会进一步加剧。根据复杂模型和输入参数分布来估计罕见事件的概率,是一个重要的研究方向。解决此问题的一种方法是将模型输出偏向于这些罕见事件,并适当阐明这种偏向,另一种方法是重要性抽样(Shahabuddin,1994)。

研究结果:需要开展进一步研究,制定出相关方法,以确定输入参数配置,使得模型可以预测重大罕见事件并评估罕见事件概率。

4.3 敏感性分析

敏感性分析是了解计算模型输入参数变化如何影响输出或输出函数的一种

方法。实施敏感性分析存在多项动机,包括:增强对复杂模型的理解;发现模型异常行为;找出哪些输入参数会对特定输出产生实质性影响;探索输入参数组合如何相互作用,以影响输出参数;找出导致输出快速变化或出现极值的输入空间区域;深入了解哪些附加信息将提高模型的预测能力。即使某个计算模型不足以再现物理系统的行为,其敏感性仍可能对形成物理系统关键特征的相关推论提供帮助。

在许多情况下,最为通用、物理准度最高的计算模型运行时间太长,无法作为特定研究的主要工具,因此人们只得寻求更简单、计算要求更低的模型。在仿真器和物理系统降阶模型的构建中,敏感性分析可以作为第一步,在大尺度计算模型中捕捉重要特征,同时舍弃复杂度以加快运行时间。第一步最简单的方式是进行粗略的敏感性分析,对输入参数不确定度引起的输出不确定度进行表征(不确定度分析将在本章下文进行讨论)。

敏感性分析中隐含一个潜在代理项,可将输入参数变化有效地映射到输出变化,凸显了仿真器和降阶模型对敏感性分析的价值。在少数情况下,代理项的特殊结构使得敏感性关键量的分析评价成为可能,这一点引发了特别关注,并有助于当前敏感性分析方法的形成。局部敏感性分析则是在某些经慎重选择的位置点对输入—输出映射进行线性化。高阶泰勒展开法也被用于提高这些代理项的准度。但是,全局敏感性分析却依赖于全局代理项,以更好地捕捉随机变量间的相互作用所产生的影响。近年来,已开发出两种特殊形式的全局代理项,分别依赖于混沌多项式分解和 Sobol 分解。这两类分解可计算出输出方差相对于单个输入参数方差的敏感性。鉴于在当前研究和实践中,针对全局和局部敏感性的这些特殊解释占据着主导地位,本节剩余部分将详细介绍全局敏感性分析方法和局部敏感性分析方法。

4.3.1 全局敏感性分析

全局敏感性分析旨在了解广泛输入设置空间内的复杂函数,并将该函数分解为一系列复杂度不断递增的分量(方框 4.1)。这些分量可以直接估计(Oakley 和 O'Hagan,2004),也可以通过方差测度对其中每一项分量进行求和,方差测度采用以下任意一种方法进行估计:蒙特卡罗(Kleijnen 和 Helton,1999)、回归(Helton 和 Davis,2000)、方差分析(Moore 和 McKay,2002)、傅里叶方法(Sobol,1993;Saltelli 等,2000)、高斯过程或其他响应面模型(Oakley 和 O'Hagan,2004;Marzouk 和 Najm,2009)。对于上述各方法,均需要在一组特定输入参数设置下运行正向模型。

方框 4.1　复杂模型的 Sobol 函数分解

$\eta(x_1, x_2, x_3) = (x_1 + 1)\cos(\pi x_2) + 0 x_3$ 的 Sobol 分解

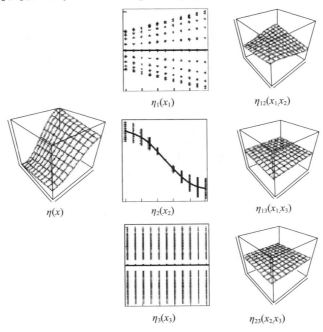

全局敏感性分析是将一个复杂模型(或函数)分解成常数、主要效应以及相互作用的总和(Sobol, 1993)。此处, 一个三维函数被分解为: 三个主要的效应函数(粗黑线)η_1、η_2 和 η_3 加三个双向交互作用函数 η_{12}、η_{13} 和 η_{23} 加一个单一的三向交互作用(图中未显示)。全局敏感性分析旨在估计这些分量函数或这些分量函数的方差测度, 示例请参见 Saltelli 等(2000)或 Oakley 和 O'Hagan(2004)的著作。

　　所需的计算模型运行次数将取决于输入空间上正向模型的复杂度、输入空间维数以及估计方法。全局敏感性分析面临的一个关键挑战是可用于执行分析的计算资源有限——事实上, 这也是大部分 VV&UQ 所面临的挑战。各种估计方法都以这样或那样的方式来解决这个问题。例如蒙特卡罗法, 虽然此方法通常需要多次运行模型才能获取合理准度, 但它可以处理计算模型中的高维输入空间和任意复杂度。相比之下, 基于响应面的方法(如高斯过程)可能只需使用一组模型运行次数很少的集合, 但通常对模型响应的流畅度和稀疏度有一定要求(即响应面仅依赖于小部分输入参数)。方框 4.1 描述了利用 Sobol 分解进行的全局敏感性分析——但 Sobol 分解不是唯一的敏感性度量。例如, 人们可能

关注超过某个数值的敏感性(即关注量敏感性超过某个值的概率),在这种情况下,就必须使用其他的全局敏感性分析方法。

研究结果:如果大尺度计算模型是基于子模型层次结构建立的,那么就有机会利用这种层次结构,即通过充分运用这些子模型的单独敏感性分析,制定出有效的敏感性分析方法。究竟如何将这些单独的敏感性分析汇总在一起,以便给出更大尺度模型输出的准确敏感性,仍然是一个悬而未决的问题。

4.3.2 局部敏感性分析

局部敏感性分析基于正向模型相对于输入参数的偏导数,在标称输入参数设置下进行评估。因此,此类敏感性分析只对可微输出才有意义。正向模型的偏导数(可能经过尺度缩放)可以作为模型输出如何响应输入参数变化的某种指示。尽管在某些设置下,可以获得包含部分或全部 Hessian 信息的二阶敏感性,但一阶敏感性(关注输出参数相对于输入参数的梯度)是最常用的。人们也致力于研究难度更大、更高阶的敏感性(新兴的张量方法可能使三阶敏感性更具可行性)。

局部敏感性给出了关于标称输入参数设置附近的正向模型行为的有限信息,提供了正向模型输入—输出响应的一些相关信息。局部敏感性或导数信息更常用于反问题(4.4 节)优化(Finsterle,2006;Flath 等,2011)或非线性回归问题中正向模型的局部近似(Seber 和 Wild,2003)。在这些情况下,需要的是目标函数、似然或后验密度相对于模型输入参数的敏感性。

获得局部敏感性的方法有黑盒方法和嵌入式方法两种。在黑盒方法中,将底层数学或计算模型视为无法访问,情况可能像旧代码、已建立的代码或记录不良的代码一样。相反,嵌入式方法则假定模型是可以访问的,无论是因为此方法经过充分、良好的记录和模块化,或是因为其能够适应局部敏感性能力的改进,还是因为此方法是在考虑局部敏感性的情况下开发的。

在黑箱正向代码中加入局部敏感性,可以采用有限的几种方法实现。经典方法是有限差分法。但是,此种方法能够提供的梯度信息非常不准确,尤其是当底层正向模型为高度非线性模型时,并且正问题的"求解"相当于将残差降低了几个数量级。此外,有限差分法的成本随着输入参数量呈线性增长。

另一种方法为自动微分(Automatic Differentiation,AD),有时也称为算法微分。假设可以访问源代码,自动微分就能利用由一系列初等运算编写而成的代码,使运算中的已知导数链接在一起以提供精确的敏感性信息,进而能从源代码中直接产生敏感性信息。这种方法就避免了有限差分法面临的数值困难。此外,可以利用所谓的自动微分反向模式来产生梯度信息,其成本与(首项阶数)

输入参数量无关。然而,自动微分方法的基本难点在于其针对代码进行微分,而不是底层数学模型。例如,虽然敏感性方程为线性方程,但自动微分却通过非线性解算器进行微分;虽然各敏感性方程的算子相同,但自动微分却通过预处理器进行重复微分。这也意味着自动微分方法是对离散化伪像(如自适应网格加密)进行微分。此外,如果为大型的复杂代码,当前的自动微分工具通常会崩溃。尽管如此,当自动微分工具正常工作时,并且下文所述嵌入式方法因时间限制或正向代码缺乏模块性而无法使用时,自动微分仍是一种可行的方法。

如果能够访问底层正向模型,或者从零开始开发局部敏感性能力,则可使用嵌入式方法来克服上文所述的诸多困难。这些方法可对代码底层的数学模型进行微分。微分可连续完成,产生数学导数,然后将其离散化以产生数值导数,或者可以直接对离散化模型进行微分。尽管这两种方法通常(如采用 Galerkin 离散化)能够产生相同的导数,但并非总是如此。将底层数学模型进行微分的优势在于,模型结构能够得以利用。即使正问题是非线性问题,控制状态变量相对于每个参数的导数所用的方程(所谓的敏感性方程)也是线性方程,并且这些方程针对每个输入参数都使用相同的系数矩阵(或算子)表征。此系数矩阵是正向模型的雅可比矩阵,因此可以将基于牛顿的正向解算器用于求解敏感性方程。因为每个方程的右边均对应模型残差关于各参数的导数,所以预处理器的构建成本可在所有输入参数上进行平摊。

尽管如此,如果存在大量输入参数,求解敏感性方程的成本就可能太高。敏感性方程法的一种替代方法是所谓的伴随方法,即针对各关注输出量求解伴随方程[1],并使用求得的伴随解来构建梯度(对于高阶导数,也存在类似的结果)。像敏感性方程一样,伴随方程在伴随变量中始终呈线性,且方程的右边对应输出量关于状态的导数。由于方程的算子是线性化正向模型的伴随算子(或转置矩阵),因此,预处理器构建成本也可在关注输出量(此情况下)上进行平摊。当输出参数量明显少于输入参数量时,伴随方法可以节约大量成本。将导数导出(通过变分法)后再进行离散化,可以避免对离散化伪像进行微分(如亚网格尺度模型、通量限制器)。

即使是一阶导数也能极大地提高以不确定度量化为目的而探索正向模型行为的能力,尤其是当输入维数很高时。如果仅以一次额外的模型运行为代价就能计算出导数信息(通常伴随模型就是如此),则诸如全局敏感性分析、反问题求解和高维后验分布抽样等任务的计算工作量就会少得多,当前棘手的问题也会变得易于处理。

---

① Marchuk(1995)对此做出了探讨。

推广伴随方法将延伸问题的范围,更好地解决多重物理量应用、算子分裂和不可微解特征(如激波)等计算难题,原因在于它能够高效地计算出导数信息。与此同时,开发和扩展不确定度量化方法可以更好地利用导数信息,也将拓宽问题的范围,因为它可以实现密集型不确定度量化的计算。对于利用导数信息的大尺度计算模型,目前适用的不确定度量化方法包括反问题正态线性近似(Cacuci等,2005)、响应面方法(Mitchell等,1994)和贝叶斯反问题的马尔可夫链蒙特卡罗(Markov Chain Monte Carlo, MCMC)抽样技术(Neal,1993;Girolami 和 Calderhead,2011)。

研究结果:以下复合领域的研发有可能带来重大效益:①从大尺度计算模型中提取导数和其他特征;②开发可以有效利用此信息的 UQ 方法。

4.4　为计算机运行集合选择输入参数设置

在探索模拟模型时,选择拟运行的模拟设置(即实验设计)是一项重要决策。当前任务的最终目的在于,尽可能有效地估计计算机模型响应的某些特征。正如预期的那样,最佳模型评价集与实验者的特定目标息息相关。

物理实验设计的三大原则为随机化、重复和区组化①。对于确定性计算机实验,这些原则并不适用(例如,重复原则只是浪费精力)。但是,如果缺乏响应面形状相关的先验知识,那么值得遵循的一项简单的经验法则是,将设计点展开,以探索到尽可能多的输入参数区域。

目前,计算机实验设计实践确定了针对各种目标的策略。如果目标是确定控制着系统响应的活动因子,则通常采用一次一因子设计②(Morris,1991)。对于计算机模型仿真,空间填充设计(Johnson 和 Schneiderman,1991)和拉丁超立方设计(McKay 等,1979)及其变体(Tang,1993;Lin 等,2010)都是很好的选择。用于构建仿真器的设计通常受到空间填充和投影属性的驱动,而这些属性在准蒙特卡罗研究中占据着重要地位(Lemieux,2009)。对于目的是估计计算机模型响应面特征(如全局最大值或水平集)的研究,已证实序贯设计效果显著(Ranjan 等,2008)。在这些情况下,通常会选择新的模拟器试验,以完善关注特征的估计,而不是整个响应面的估计。对于敏感性分析来说,常见的设计策略包括部分析因和响应面设计(Box 和 Draper,2007),以及 Morris 的一次一因子设计和其他筛选设计(Saltelli 和 Sobol,1995)。自适应策略在更大的 V&V 问题中的应用将

---

① 区组化原则是将实验单元划分为若干区组。

② 一次一因子设计是指每次只改变一个变量的设计。

在第 5 章进行探讨。

4.5 胎压传感器中的电磁干扰：案例研究

4.5.1 背景

电子通信、导航和传感系统经常会受到电磁干扰，导致正常运行被打乱、扰乱或完全阻断。电磁干扰是指与系统正常工作模式无关的自然或人为信号。自然电磁干扰源包括大气充放电现象，如闪电和雨滴静电。人为电磁干扰可能是有意干扰，也可能是无意干扰。前者是因人为干扰或电子战而产生的，后者则是由其他电子系统产生的杂散电磁辐射引起的。

为了保护关键任务电子系统免受干扰，并保证系统的互操作性和兼容性，工程师采用了各种电磁屏蔽和布局策略，以防止杂散辐射穿透或逸出系统。此实践特别适用于受美国联邦通信委员会监管的消费电子产品。在制定电磁干扰抑制策略时，应认识到许多电磁干扰现象在本质上都是随机现象。电磁干扰对系统性能的影响程度也与系统所处的电磁环境相关，例如系统安装平台、系统与自然或人为辐射源之间的距离。不幸的是，在设计时，系统所处的电磁环境通常都未进行明确表征。而系统电气和材料组件值以及几何尺寸的可变性，又进一步增加了电磁干扰对系统性能影响的不确定度。

4.5.2 计算机模型

尽管在部署或量产之前，始终会对系统电磁干扰的合规性进行实验验证，但工程师们却越来越依赖于建模和仿真方法来降低设计过程早期原型构建和测试的相关成本。麦克斯韦方程可用于分析电磁干扰现象，方程有着惊人的预测能力，其应用范围也远不止电磁干扰分析。事实上，麦克斯韦方程为电动力学和经典光学以及许多电气技术、计算机技术和通信技术奠定了基础。在算法和计算机硬件进步的推动下，麦克斯韦方程解算器在从遥感、生物医学成像到天线和电路设计等众多的科学和工程学科中已然不可或缺。

下文所述的 VV&UQ 概念在电磁干扰现象统计表征中的应用，就利用了基于积分方程的麦克斯韦方程解算器。解算器将系统几何结构及其外部激励的计算机辅助设计(Computer – Aided Design, CAD)描述作为输入参数，再返回系统导电表面、屏蔽外壳、印制电路板、电线/电缆和电介质(塑料)体积上电流的有限元近似(Bagci 等, 2007)。为了能够在大尺度和多尺度计算平台上模拟电磁干扰现象，实现解算器并行运算，并利用快速且高精度的 $O[N\log(N)]$ 卷积法，导致其计算成本随有限元展开式中未知数的数量大致呈线性变化。为了便于表征现实世界中的电磁干扰现象,将解算器与基于集成电路仿真程序(Simulation Program with Integrated Circuit Emphasis,SPICE)①的电路解算器相连,该电路解算器用于计算集总元件电路(模拟小电气组件的电路)的节点电压。最后,考虑到"体系"(SoS)的表征,将麦克斯韦方程解算器与电缆解算器相连,该电缆解算器用于计算电子(子)系统互连传输线上的电压和电流(图4.2)。

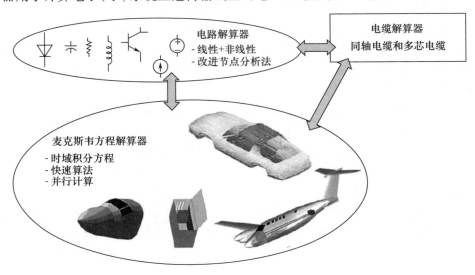

图 4.2 由麦克斯韦方程、电路和电缆解算器组成的混合电磁干扰分析框架

本节通过胎压监测(Tire Pressure Monitoring,TPM)系统(图4.3),在实际电子系统电磁干扰现象的统计表征中,展现了混合分析框架的应用。胎压监测系统用于监测车辆轮胎的气压,并在轮胎充气不足时向驾驶员发出警示。最常用的胎压监测系统使用安装在气门杆后的汽车轮胎轮辋上由电池驱动的小型传感器—应答器。传感器—应答器将轮胎压力和温度信息发送到安装在车身上的中央胎压监测接收器。在本案例研究中,对系统受到电磁干扰时所接收到的信号强度进行了表征,该电磁干扰来自附近使用同一系统的另一辆汽车。接收信号取决于两辆汽车的相对位置,采用七个参数进行描述:装有胎压监测应答器的两辆汽车的车轮旋转角和转向角;各车身相对于自身轴距的高度;两辆汽车之间的相对位置。

---

① SPICE 指通用型开源模拟电子电路模拟器。

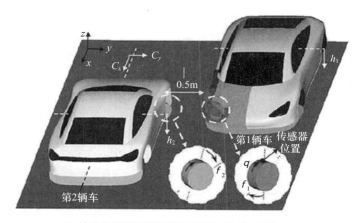

(a) 前排乘客侧轮辋装有胎压监测系统的两辆汽车

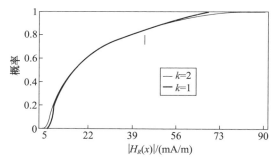

(b) 一辆汽车胎压监测接收信号的累积分布函数在无
第二辆车($k=1$)和有第二辆车($k=2$)这两种情况下的比较

图 4.3　汽车胎压监测系统混合分析算例示意图

　　原则上,可以通过蒙特卡罗方法推导出接收信号强度的相关统计数据,即通过重复执行麦克斯韦方程解算器,根据随机参数的概率分布函数实现随机参数的多次抽样,此处假设这些函数均为均匀分布。遗憾的是,尽管蒙特卡罗方法实施起来很简单,但针对当前问题,需要执行数十万次确定性代码才能实现收敛。蒙特卡罗方法收敛速度慢,再加上对胎压监测问题运行确定性麦克斯韦方程解算器又大约花费中央处理器(Central Processing Unit,CPU)1h 时间,因此,直接应用蒙特卡罗法的可能性基本为零。

4.5.3　鲁棒仿真器

　　为了避免直接应用蒙特卡罗法所产生的相关缺陷,本研究将接收到的胎压监测信号强度(关注量)作为七个输入参数的函数,构建了一个仿真器(或代理模型）。此仿真器可为所有参数组合提供接收信号的准确近似值，且评估时间只相当于执行麦克斯韦方程解算器所需时间的一小部分。因此，仿真器能够以低成本、高效益的方式（尽管是间接方式）将蒙特卡罗法应用于接收到的胎压监测信号的统计表征。在本案例研究中，仿真器是基于多元素随机配置（Stochastic Collocation，SC）技术构建的，该技术利用广义混沌多项式（generalized Polynomial Chaos，gPC）展开法来表示接收到的信号（Xiu，2007；Agarwal 和 Aluru，2009）。

多元素随机配置方法是基本随机配置方法的扩展，通过跨越整个输入参数空间的多项式来近似选定的关注量（在此情况下为接收到的胎压监测信号）。随机配置方法可通过调用一个确定性模拟器（此处为麦克斯韦解算器）来构建这些多项式，从而评估由七维输入空间配置点指定的随机输入参数组合的关注量。但是，对于随着输入参数的变化而快速或非平稳变化的输出量，因为输出量的表示需要采用高阶多项式，所以基本随机配置方法往往不切实际，也不准确。例如，电磁干扰分析中，系统引脚两端电压、电路布线电流以及接收的胎压监测信号强度在输入空间中反应迅速，有时甚至出现准无序性。幸运的是，现已开发出随机配置的扩展方法，对于与输入参数具有非稳定和不连续依赖关系的建模输出参数，它仍能保证有效性和准度。多元素随机配置方法就是其中之一，能够根据输出参数局部方差的衰减率，以自适应方式将输入空间划分为子域，并为每个子域构建单独的多项式近似，从而实现其有效性和准度（Agarwal 和 Aluru，2009）。

仿真器的使用增加了电磁干扰现象统计表征过程的不确定度，而这种不确定度通常难以计算。实际上，使用多元素随机配置方法构建仿真器，涉及随机输入参数稀疏的贪婪搜索。当应用于复杂的现实问题时，这种搜索无法保证收敛或产生关注量的准确表示。在电磁干扰分析的背景下，仿真器技术通常应用于简单的、与当前现实问题存在定性关系的微不足道的小问题，但也能够彻底覆盖输入空间。如果这种方法在小问题上表现良好，则可将其应用到更复杂的实际场景中，且通常无需回溯。

4.5.4　代表性结果

采用多元素随机配置仿真器对一辆汽车中的胎压监测接收器信号强度进行模拟，此接收器受到两辆汽车中同时运行的传感器—应答器的辐射。构建多元素随机配置仿真器需要调用麦克斯韦方程解算器 545 次，仅相当于直接应用蒙特卡罗法所需调用次数的零头。对于七维输入空间中 545 个系统配置中的每一个配置，多元素随机配置仿真器相对于信号强度（由麦克斯韦方程解算器预测）

的准度低于 0.1%。与调用一次麦克斯韦方程解算器相比,将蒙特卡罗法应用于仿真器的成本可以忽略不计。图 4.3(b)给出了接收信号(关注量)的累积分布函数,并将其与只存在一辆汽车的情况下产生的累积分布函数进行了比较。对于较小的接收信号值,第二辆车的存在未使累积分布函数发生大幅变化,却显著提高了可能接收到的最大信号值,而该值还不足以导致系统失效。

4.6　参　考　文　献

[1] Agarwal,N. ,and N. Aluru. 2009. A Domain Adaptive Stochastic Collocation Approach for Analysis of MEMS Under Uncertainties. Journal of Computational Physics 228:7662 – 7688.

[2] Allen,M. ,G. Weickum,and K. Maute. 2004. Application of Reduced – Order Models for the Stochastic Design Optimization of Dynamic Systems. Pp. 1 – 20 in Proceedings of the 10th AIAA/ISSMO Multidisciplinary Optimization Conference. August 30 – September 1,2004. Albany,N. Y.

[3] Amsallem,D. ,C. Farhat,and T. Lieu. 2007. High – Order Interpolation of Reduced – Order Models for Near Real – Time Aeroelastic Prediction. Paper IF – 081:18 – 20. International Forum on Aeroelasticity and Structural Dynamics. Stockholm,Sweden.

[4] Astrid,P. ,S. Weiland,K. Willcox,and T. Backx. 2008. Missing Point Estimation in Models Described by Proper Orthogonal Decomposition. IEEE Transactions on Automatic Control 53(10):2237 – 2251.

[5] Bagci,H. ,A. E. Yilmaz,J. M. Jin,and E. Michielssen. 2007. Fast and Rigorous Analysis of EMC/EMI Phenomena on Electrically Large and Complex Cable – Loaded Structures. IEEE Transactions on Electromagnetic Compatibility 49:361 – 381.

[6] Barrault,M. ,Y. Maday,N. C. Nguyen,and A. T. Patera. 2004. An"Empirical Interpolation"Method:Application to Efficient Reduced – Basis Discretization of Partial Differential Equations. Comptes Rendus Mathematique 339(9):667 – 672.

[7] Ben – Ari,E. N. ,and D. M. Steinberg. 2007. Modeling Data from Computer Experiments:An Empirical Comparison of Kriging with MARS and Projection Pursuit Regression. Quality Engineering 19:327 – 338.

[8] Berkooz,G. ,P. Holmes,and J. L. Lumley. 1993. The Proper Orthogonal Decomposition in the Analysis of Turbulent Flows. Annual Review of Fluid Dynamics 25:539 – 575.

[9] Bos,R. ,X. Bombois,and P. Van den Hof. 2004. Accelerating Large – Scale Non – Linear Models for Monitoring and Control Using Spatial and Temporal Correlations. Proceedings of the American Control Conference 4:3705 – 3710.

[10] Box,G. E. P. ,and N. R. Draper. 2007. Response Surfaces,Mixtures,and Ridge Analysis. Wiley Series in Probability and Statistics,Vol. 527. Hoboken,N. J. :Wiley.

[11] Boyaval,S. ,C. LeBris,Y. Maday,N. C. Nguyen,and A. T. Patera. 2009. A Reduced Basis Approach for Variational Problems with Stochastic Parameters:Application to Heat Conduction with Variable Robin Coeffi-

cient. Computer Methods in Applied Mechanics and Engineering 198:3187 – 3206.

[12] Bui – Thanh, T. , and K. Willcox. 2008. Parametric Reduced – Order Models for Probabilistic Analysis of Unsteady Aerodynamic Applications. AIAA Journal 46 (10):2520 – 2529.

[13] Cacuci, D. C. , M. Ionescu – Bujor, and I. M. Navon. 2005. Sensitivity and Uncertainty Analysis: Applications to Large – Scale Systems, Vol. 2. Boca Raton, Fla. : CRC Press.

[14] Cannamela, C. , J. Garnier, and B. Iooss. 2008. Controlled Stratification for Quantile Estimation. Annals of Applied Statistics 2(4):1554 – 1580.

[15] Chaturantabut, S. , and D. C. Sorensen. 2010. Nonlinear Model Reduction via Discrete Empirical Interpolation. SIAM Journal on Scientific Computing 32(5):2737 – 2764.

[16] Clarke, S. M. , M. D. Zaeh, and J. H. Griebsch. 2003. Predicting Haptic Data with Support Vector Regression for Telepresence Applications. Pp. 572 – 578 in Design and Application of Hybrid Intelligent Systems. Amsterdam, Netherlands: IOS Press.

[17] Daniel, L. , O. C. Siong, L. S. Chay, K. H. Lee, and J. White. 2004. A Multiparameter Moment – Matching Model – Reduction Approach for Generating Geometrically Parameterized Interconnect Performance Models. IEEE Transactions on Computer – Aided Design of Integrated Circuits and Systems 23(5):678 – 693.

[18] Degroote, J. , J. Vierendeels, and K. Wilcox. 2010. Interpolation Among Reduced – Order Matrices to Obtain Parametrized Models for Design, Optimization and Probabilistic Analysis. International Journal for Numerical Methods in Fluids 63(2):207 – 230.

[19] Everson, R. , and L. Sirovich. 1995. Karhunen – Loève Procedure for Gappy Data. Journal of the Optical Society of America 12(8):1657 – 1664.

[20] Feldman, P. , and R. W. Freund. 1995. Efficient Linear Circuit Analysis by Pade Appoximation via the Lanczos Process. IEEE Transactions on Computer – Aided Design of Integrated Circuits 14(5):639 – 649.

[21] Finsterle, S. 2006. Demonstration of Optimization Techniques for Groundwater Plume Remediation Using Itough2. Environmental Modeling and Software 21(5):665 – 680.

[22] Flath, H. P. , L. C. Filcox, V. Akcelik, J. Hill, B. Van Bloeman Waanders, and O. Glattas. 2011. Fast Algorithms for Bayesian Uncertainty Quantification in Large – Scale Linear Inverse Problems Based on Low – Rank Partial Hessian Approximations. SIAM Journal on Scientific Computing 33(1):407 – 432.

[23] Floater, M. S. , and A. Iske. 1996. Multistep Scattered Data Interpolation Using Compactly Supported Radial Basis Functions. Journal of Computational and Applied Mathematics 73(1 – 2):65 – 78.

[24] Galbally, D. , K. Fidkowski, K. Willcox, and O. Ghattas. 2010. Non – Linear Model Reduction for Uncertainty Quantification in Large – Scale Inverse Problems. International Journal for Numerical Methods in Engineering 81:1581 – 1608.

[25] Gallivan, K. E. , E. Grimme, and P. Van Dooren. 1994. Pade Approximations of Large – Scale Dynamic Systems with Lanczos Methods. Decision and Control: Proceedings of the 33rd IEEE Conference 1:443 – 448.

[26] Ghanem, R. , and A. Sarkar. 2003. Reduced Models for the Medium – Frequency Dynamics of Stochastic Systems. Journal of the Acoustical Society of America 113(2):834 – 846.

[27] Ghanem, R. , and P. Spanos. 1991. A Spectral Stochastic Finite Element Formulation for Reliability Analysis. Journal of Engineering Mechanics, ASCE 117(10):2351 – 2372.

[28] Girolami, M. , and B. Calderhead. 2011. Reimann Manifold Langevin and Hamiltonian Monte Carlo Methods. Journal of the Royal Society: Series B (Statistical Methodology) 73(2):123 – 214.

[29] Gramacy, R. B. , and H. K. H. Lee. 2008. Bayesian Treed Gaussian Process Models with an Application to Computer Modeling. Journal of the American Statistical Association 103(483): 1119 – 1130.

[30] Grepl, M. A. , Y. Maday, N. C. Nguyen, and A. T. Patera. 2007. Efficient Reduced – Basis Treatment of Non-affine and Nonlinear Partial Differential Equations. ESAIM – Mathematical Modeling and Numerical Analysis (M2AN) 41: 575 – 605.

[31] Hayken, S. 1998. Neural Networks: A Comprehensive Foundation. Upper Saddle River, N. J. : Prentice Hall.

[32] Helton, J. C. , and F. J. Davis. 2000. Sampling – Based Methods for Uncertainty and Sensitivity Analysis. Albuquerque, N. Mex. : Sandia National Laboratories.

[33] Holmes, P. , J. L. Lumley, and G. Berkooz. 1996. Turbulence, Coherent Structures, Dynamical Systems, and Symmetry. Cambridge, U. K. : Cambridge University Press.

[34] Iooss, B. , and M. Ribatet. 2007. Global Sensitivity Analysis of Stochastic Computer Models with Generalized Additive Models. Technometrics.

[35] Jin, R. , W. Chen, and T. W. Simpson. 2000. Comparative Studies of Metamodeling Techniques. European Journal of Operations Research 138: 132 – 154.

[36] Johnson, B. , and B. Schneiderman. 1991. Tree – Maps: A Space – Filling Approach to the Visualization of Hierarchical Information Structures. Pp. 284 – 291 in Proceedings of IEEE Conference on Visualization.

[37] Kleijnen, J. P. C. , and J. C. Helton. 1999. Statistical Analyses of Scatterplots to Identify Important Factors in Large – Scale Simulations. 1: Review and Comparison of Techniques. Reliability Engineering and System Safety 65: 147 – 185.

[38] Kouchmeshky, B. , and N. Zabaras. 2010. Microstructure Model Reduction and Uncertainty Quantification in Multiscale Deformation Process. Computational Materials Science 48(2): 213 – 227.

[39] Lemieux, C. 2009. Monte Carlo and Quasi – Monte Carlo Sampling. Springer Series in Statistics. New York: Springer.

[40] Lieberman, C. , K. Wilcox, and O. Ghattas. 2010. Parameter and State Model Reduction for Large – Scale Statistical Inverse Problems. SIAM Journal on Scientific Computing 32(5): 2523 – 2542.

[41] Lin, C. D. , D. Bingham, R. R. Sitter, and B. Tang. 2010. A New and Flexible Method for Constructing Designs for Computer Experiments. Annals of Statistics 38(3): 1460 – 1477.

[42] Marchuk, D. I. 1995. Adjoint Equations and Analysis of Complex Systems. Dordrecht, The Netherlands: Kluwer Academic Publishers.

[43] Marzouk, Y. M. , and H. N. Najm. 2009. Dimensionality Reduction and Polynomial Chaos Acceleration of Bayesian Inference in Inverse Problems. Journal of Computational Physics 228: 1862 – 1902.

[44] McKay, M. D. , R. J. Beckman, and W. J. Conover. 1979. A Comparison of Three Methods for Selecting Values of Input Variables in the Analysis of Output from a Computer Code. Technometrics 21(2): 239 – 245.

[45] Mitchell, T. J. , M. D. Morris, and D. Ylvisaker. 1994. Asymptotically Optimum Experimental Designs for Prediction of Deterministic Functions Given Derivative Information. Journal of Statistical Planning and Inference 41: 377 – 389.

[46] Moore, L. M. 1981. Principle Component Analysis in Linear Systems: Controllability, Observability, and Model Reduction. IEEE Transactions on Automatic Control 26(1): 17 – 31.

[47] Moore, L. M. , and M. D. McKay. 2002. Orthogonal Arrays for Computer Experiments to Assess Important Inputs. D. W. Scott (Ed.). Pp. 546 – 551 in Proceedings of PSAM6, 6th International Conference on Probabi-

listic Safety Assessment and Management.

[48] Morris, M. 1991. Factorial Sampling Plans for Preliminary Computational Experiments. Technometrics 33 (2):161 – 174.

[49] Najm, H. N. 2009. Uncertainty Quantification and Polynomial Chaos Techniques in Computational Fluid Dynamics. Annual Review of Fluid Mechanics 41:35 – 52.

[50] Neal, R. M. 1993. Probabilistic Inference Using Markov Chain Monte Carlo Methods. CRG – TR – 93 – 1. Toronto, Canada: Department of Computer Science, University of Toronto.

[51] Noor, A. K., and J. M. Peters. 1980. Nonlinear Analysis via Global – Local Mixed Finite Element Approach. International Journal for Numerical Methods in Engineering 15(9):1363 – 1380.

[52] Oakley, J. 2004. Estimating Percentiles of Uncertain Computer Code Outputs. Journal of the Royal Statistical Society:Series C (Applied Statistics) 53(1):83 – 93.

[53] Oakley, J., and A. O' Hagan. 2002. Bayesian Inference for the Uncertainty Distribution of Computer Model Outputs. Biometrika 89(4):769 – 784.

[54] Oakley, J., and A. O' Hagan. 2004. Probabilistic Sensitivity Analysis of Complex Models: A Bayesian Approach. Journal of the Royal Statistical Society:Series B (Statistical Methodology) 66(3):751 – 769.

[55] Owen, A. B. 1997. Monte Carlo Variance of Scrambled Net Quadrature. SIAM Journal on Numerical Analysis 34(5):1884 – 1910.

[56] Ranjan, P., D. Bingham, and G. Michailidis. 2008. Sequential Experiment Design for Contour Estimation from Complex Computer Codes. Technometrics 50(4):527 – 541.

[57] Rewienski, M., and J. White. 2003. A Trajectory Piecewise – Linear Approach to Model Order Reduction and Fast Simulation of Nonlinear Circuits and Micromachined Devices. IEEE Transactions on Computer – Aided Design of Integrated Circuits and Systems 22(2):155 – 170.

[58] Sacks, J., W. J. Welch, T. J. Mitchell, and H. P. Win. 1989. Design and Analysis of Computer Experiments. Statistical Science 4(4):409 – 423.

[59] Saltelli, A., and I. M. Sobol. 1995. About the Use of Rank Transformation in Sensitivity Analysis of Model Output. Reliability Engineering and System Safety 50(3):225 – 239.

[60] Saltelli, A., K. Chan, and E. M. Scott. 2000. Sensitivity Analysis. Wiley Series in Probability and Statistics, Vol. 535. Hoboken, N. J.: Wiley.

[61] Seber, G. A. F., and C. J. Wild. 2003. Nonlinear Regression. Hoboken, N. J.: Wiley.

[62] Shahabuddin, P. 1994. Importance Sampling for the Simluation of Highly Reliable Markovian Systems. Management Science 40(3):333 – 352.

[63] Sirovich, L. 1987. Turbulence and the Dynamics of Coherent Structures. Part I:Coherent Structures. Quarterly Journal of Applied Mathematics XLV(2):561 – 571.

[64] Sobol, W. T. 1993. Analysis of Variance for"Component Stripping"Decomposition of Multiexponential Curves. Computer Methods and Programs in Biomedicine 39(3 – 4):243 – 257.

[65] Soize, C., and R. Ghanem. 2004. Physical Systems with Random Uncertainties: Chaos Representations with Arbitrary Probability Measure. SIAM Journal on Scientific Computing 26(2):395 – 410.

[66] Tang, B. 1993. Orthogonal Array – Based Latin Hypercubes. Journal of the American Statistical Association 88(424):1392 – 1397.

[67] Weickum, G., M. S. Eldred, and K. Maute. 2006. Multi – Point Extended Reduced – Order Modeling for De-

sign Optimization and Uncertainty Analysis. Paper AIAA – 2006 – 2145. Proceedings of the 47th AIAA/ASME/ASCE/AHS/ASC Structures, Structural Dynamics, and Materials Conference (2nd AIAA Multidisciplinary Design Optimization Specialist Conference). May 1 – 4,2006, Newport, R. I.

[68] Xiu, D. 2007. Efficient Collocational Approach for Parametric Uncertainty Analysis. Communications in Computational Physics 2:293 – 309.

[69] Xiu, D. 2010. Numerical Methods for Stochastic Computations: A Spectral Method Approach. Princeton, N. J. : Princeton University Press.

[70] Xiu, D. , and G. E. Karniadakis. 2002. Modeling Uncertainty in Steady State Diffusion Problems via Generalized Polynomial Chaos. Computer Methods in Applied Mechanics and Engineering 191(43):4927 – 4943.

第 5 章　模型确认和预测

5.1　概　要

从数学角度来看,确认过程旨在评估物理系统关注量是否处于模型预测允许的容差范围内,容差根据模型的预期用途确定。虽然"预测"有时适用于无数据存在的情形,但在本书中,预测普遍适用于模型输出。

在简单设置中,通过直接比较模型结果和关注量物理测量结果,并计算差异的置信区间,或者进行假设检验,确认差异是否超出容差范围(Oberkampf 和 Roy,2010,第 12 章),即可完成确认。在其他设置中,可能需要更加复杂的统计建模公式,结合模拟输出参数、各种物理观测结果和专家判断,得出具有预测不确定度的预测结果,然后将该结果用于评估。在没有物理观测结果可用的新领域,统计建模公式也可以用于预测其系统行为(Bayarri 等,2007a;Wang 等,2009;或者本章中的案例研究)。

对于确认过程(涉及与测量数据的比较)和尚未测定的关注量的预测,预测不确定度评估至关重要。这种不确定度通常由多个因素引起,包括:

(1)输入不确定度——缺乏参数和其他模型输入参数(初始条件、强迫条件和边界值等)的相关知识。

(2)模型偏差——模型与现实之间的差异(即使采用了最佳的或最正确的模型输入参数设置)。

(3)计算模型的评估有限。

(4)解错误和编码错误。

在某些情况下,验证可以有效消除由于解错误和编码错误引起的不确定度,如此一来,仅剩下前三项因素。同样,如果计算模型以极快的速度运行,人们可以在任何所需输入参数设置下评估模型,无需估计模型在未经验证的输入参数设置下会产生什么结果。

鉴于此前出版的相关资料(Klein 等,2006;NRC,2007,第 4 章)已对确认和预测过程有所探讨,本章将着重从数学角度加以阐述。确认和预测的基本过程包括:识别和表示不确定度的主要来源、识别物理观测结果、开展评估所需的实验或提供评估所需的其他信息来源、评估预测的不确定度、评估预测的可靠性或质量、提供评估改进措施的相关信息,以及传递结果。

　　不确定性的识别和表征通常涉及敏感性分析,以确定哪些模型特征或输入参数会影响关键输出。不确定性一经识别,就必须确定其重要影响因素的最佳表示方法,即输入条件、强迫条件或物理建模方案的参数表示(如流体的湍流混合)。除参数形式外,在某些分析中,可能还需评估模型中替代物理表示的影响。如果解误差或其他模型偏差来源可能是引起预测不确定度的重要因素,也须以某种方式确定这些因素的影响。

　　可用的物理观测结果是确认活动的关键。物理观测结果分为两类:一类是自然界观测数据(如气象测量结果、超新星光度);另一类是基于精心规划的受控层次实验获得的数据(如 5.9 节中预测工程和计算科学中心的案例研究)。除了物理观测结果外,信息还可能来自文献或专家判断。这些文献或专家判断可能包含历史数据或已知的物理行为。

　　对预测不确定度进行估计,需要结合计算模型、物理观测结果和其他可能的信息源。评估的方式多种多样,可以非常直接(图 5.1 中的天气预报示例),也可以非常复杂(如本章中的案例研究)。在这些示例中,一部分物理观测结果可用于改进或约束引起预测不确定度的不确定因素。预测不确定度估计是一个灵活多变的研究课题,其研究方法因当前问题的特征而异。

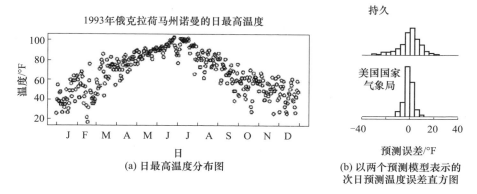

(a) 日最高温度分布图　　(b) 以两个预测模型表示的次日预测温度误差直方图

图 5.1　俄克拉荷马州诺曼市温度预测算例示意图。顶部直方图显示了持久模型的残差,此模型根据当日高温来预测次日高温。底部直方图显示了美国国家气象局(National Weather Service,NWS)预测的残差。在持久模型预测中,90% 的实际温度误差均在 ±14℉ 以内,而在美国国家气象局的预测中,该误差则在 ±6℉ 以内。美国国家气象局的预测准度更高,是因为使用了计算模型以及额外的气象信息,模型预测与实测之间进行了大量的比较。因此,对这两种预测方法的评估都相对简单(资料来源:Brooks 和 Doswell,1996)

对于任何预测来说,预测质量或可靠性的评估都极其重要。预测可靠性这一概念比预测不确定度是更定性的。预测可靠性评估包括验证评估过程基于的假设、检查可用的物理测量结果和计算模型的特征,以及应用专家判断。例如,对于外推程度更高的预测,与来源单一的观测数据相比,精心设计的一系列实验则可针对预测质量和可靠性提供更加有力的论述。此处,物理观测结果与模型预期用途的预测"近似"这一概念变得具有意义,预测应用域的概念也是如此。尽管大多数实践者都认识到了这些概念的重要性,但是严格的数学定义和量化问题仍待解决。

在一些确认应用中,为了改进预测不确定度和预测可靠性,还可进行额外的实验。评估不同形式的额外信息如何改进预测或确认活动,是确认工作中的重要环节,在决定资源投入方向时,它可以起到指导作用,从而最大程度地降低不确定度和提高可靠性。

预测或确认活动的结果包括定量(关注量预测值及其不确定度)和定性(评估所基于的假设的说服力)两方面。虽然传递环节从根本上讲不属于数学问题,但有效的传递还是取决于数学。

上文中提及的各项工作对确认和预测进行了概述。这些工作究竟如何实施,还要取决于特定应用的特征。下文列出了影响确认和预测方法的重要因素:

(1)物理观测结果的数量和相关性。

(2)物理观测结果的准度和不确定度。

(3)被建模物理系统的复杂度。

(4)预测相对于物理观测结果和模型编码水平所需的外推程度。

(5)计算模型的计算需求(运行时间、计算基础设施)。

(6)计算模型结果相对于数学模型解的准度(数值误差)。

(7)计算模型结果相对于真实物理系统解的准度(模型偏差)。

(8)存在需要利用物理观测结果进行校准的模型参数。

(9)是否具有替代计算模型,用于评估不同建模方案或物理实现对预测的影响。

有关上述考虑因素的讨论贯穿本章。本章描述了与确认和预测相关的关键数学问题,研究了各种预测不确定度来源的约束和估计方法。具体而言,本章简要描述了有关测量不确定度(5.2节)、模型校准和参数估计(5.3节)、模型偏差(5.4节)和预测质量(5.5节)的问题,着重探讨了这些问题对预测不确定度的影响。本章借由两个简单的示例(方框5.1和5.2)和两个案例研究(5.6节和5.9节),对上述概念予以阐述。方框5.1和5.2是第1章"落球示例"的延伸。本章还探讨了多种计算模型(5.7节)和多种物理观测来源(5.8节)的应用,同样,还阐述了计算模型在帮助处理罕见、高后果事件中的应用(5.10节)。最后,本章针对尚未解决的难题,对前景广阔的研究方向进行了探讨。

方框5.1　各种球的落球实验

除了保龄球外,我们现在还获得了篮球和棒球的实测落球时间。测得的落球时间以正态分布形式分布在真实时间附近,标准差为0.1s。关注量为垒球(未经测试的球)从100m高度处下落所需时间,它是在两个条件下(落球高度未超过60m,且尚未获得垒球的实测落球时间)得出的外推值。

概念和数学模型(图5.1.1(b))使用标准模型解释了重力加速度(g)和空气阻力。空气阻力取决于球的半径和密度($R_球$、$\rho_球$),以及空气密度($\rho_{空气}$)。图5.1.1(a)显示了各种球及其在半径密度空间中的位置。假设空气密度为已知量,除了球的描述符($R_球$、$\rho_球$)之外,该模型还取决于重力加速度(g)和无量纲摩擦系数(C_D)这两个参数。需根据测量结果来约束这两个参数,它们的初始范围分别为$8 \leq g \leq 12$和$0.2 \leq C_D \leq 2.0$。对于篮球和棒球,获取20m、40m和60m高度的实测落球时间;对于保龄球,获取10m、20m、…、60m高度的实测落球时间。这些测量值将参数不确定度约束在图5.1.1(c)所示的椭圆形区域内。

图5.1.1(d)显示了利用图5.1.1(b)所示数学模型得出的四种球的初始和约束预测不确定度。浅色线条对应于图5.1.1(c)中各点所表示的参数设置。暗区表示由参数的约束不确定度导致的预测不确定度。最右侧方框的暗区分布显示了垒球的预测结果(及不确定度)。

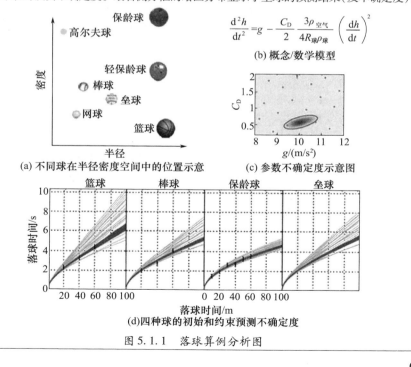

图5.1.1　落球算例分析图

然而,模型测试中,落球高度从未超过60m,也从未将模型与任何垒球的掉落进行直接对比。从图5.1.1(a)可以看出,垒球位于篮球、棒球和保龄球生成空间($R_球$、$\rho_球$)的内部,使垒球在40m甚至100m高度处的预测结果(及不确定度)具有可信度。但是,垒球与其他球的区别不仅仅是半径和密度,还有其他参数(如表面平滑度)。应当如何修改预测和不确定度,才能合理解释这些外推特征呢?这是VV&UQ研究中有待解决的问题。

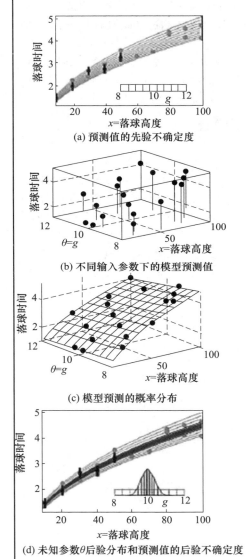

(a) 预测值的先验不确定度

(b) 不同输入参数下的模型预测值

(c) 模型预测的概率分布

(d) 未知参数θ后验分布和预测值的后验不确定度

图5.2.1 落球预测模型检验算例分析图

方框5.2 使用仿真器在有限模型运行时进行校准和预测

如方框1.1所示,对于保龄球而言,实测落球时间(黑点)和先验预测时间不确定度(灰线)随落球高度而发生变化。图5.2.1(a)显示了10m、20m、⋯、50m高度的实测落球时间;插图中还显示了重力加速度(g)的先验不确定度导致的不确定度。

如果计算机模型运行次数(可能因计算约束)受到限制,则可在不同的(x、θ)输入参数设置下实施一系列运行。图5.2.1(b)显示了20组输入参数设置下模型的运行情况。其中,x表示高度,θ表示模型参数g。在这些输入设置下,图5.2.1(a)和(b)中圆形符号的高度代表被建模的落球时间。

在20次的计算机模型运行中,利用高斯过程,在未经实验的输入参数设置(x、θ)下,产生模型输出的概率预测值,如图5.2.1(c)所示。此仿真器用于简化θ后验分布评估所需的计算,同时θ受到物理观测结果的约束。

借助仿真器辅助完成次数有限的模型运行后,利用贝叶斯模型公式产生未知参数θ(图5.2.1(d),插图中的深灰色线代表参数g)的后验分布,然后通过仿真器传播,产生后验预测值的约束不确定度(深灰色线)。

5.1.1 方法说明

本章涉及的大多数示例和案例研究均采用贝叶斯方法(Gelman 等,1996),以囊括导致预测不确定度的各种不确定因素。采用贝叶斯方法,需要针对公式中的不确定因素,实施不确定度先验描述。参数、模型偏差和预测不确定度的评估结果取决于物理观测结果和具体模型表述,包括先验规范。本书不做详细探讨,仅从贝叶斯角度提供建模和模型校验的相关参考文献(Gelman 等,1996;Gelfand 和 Ghosh,1998)。贝叶斯方法常见于验证、确认和不确定度量化文献,能有效解决本书所述的许多问题。尽管如此,本章示例和案例研究使用贝叶斯方法,不应视为唯一方法,而不予采用其他不确定度计算和表示方法,如似然法(Berger 和 Wolpert,1988)、D - S 证据理论(Shafer,1976)、可能性理论(Dubois 等,1988)、模糊逻辑(Klir 和 Yuan,1995)、概率边界分析(Ferson 等,2003)等。委员会认为,本章所述主要问题的相关性并非针对具体的不确定度表示方式。

5.1.2 落球示例回顾

为了阐明这些概念,我们对第 1 章方框 1.1 中简单的落球示例进行了扩展。本章中的扩展实验涵盖了多种类型的球(方框 5.1),考虑了不同半径和密度的球的落球时间。基本模型仅假设了重力加速度,但鉴于球的尺寸和密度各不相同,这种模型显然是不够的,还需要一个能明确解释空气摩擦阻力的模型。这一新模型描述了单个实验的初始条件、球的半径($R_球$)和球的密度($\rho_球$),还包含两个参数,即重力加速度(g)和摩擦常数(C_D),可利用实验测量结果进一步约束或校准这两个参数。当然,在严格的应用中,将重力加速度(g)视为不确定量可能并不合适,因为重力加速度是通过实验确定的非常准确的量。之所以将重力加速度视为不确定量,是为了阐明许多应用中普遍存在的不确定物理常数等相关问题。

我们采用保龄球、棒球和篮球这三种球的实测落球时间,预测出垒球从100m 高度处下落所需时间。因此,关注量就是垒球从该高度落下的时间。采用60m 高塔进行落球实验。预测值是在两个条件下(落球高度未超过 60m,且尚未获得垒球的实测落球时间)得出的外推值。5.5 节更加详细地探讨了确认和不确定度量化方法对以下两种因素的依赖性:实测值的可用性、与预测相关的外推程度。

根据图 5.1.1(b)中的方程式进行计算,两个不确定模型参数的初始不确定度分别为 $8 < g < 12$ 和 $0.2 < C_D < 2$。根据图 5.1.1(c)圆点所示区域的各种值

（g、C_D），可以进行模型预测；图 5.1.1（d）浅色线条代表由此得到的预测落球时间。如 4.2 节所述，基于参数（g 和 C_D）不确定度的简单正向传播，可以得出落球时间的不确定度。如果确认活动是为了明确模型能否预测出垒球的落球时间（从 100m 高度处落到地面的时间）处于 ±2s 的误差范围内，或者明确落球时间是否大于 10s，那么实施初步评估可能就足够了。如需更高的准度，可以利用各种球的实测落球时间来进一步约束参数（g、C_D）不确定度，如图 5.1.1（c）椭圆形区域所示，参数（g、C_D）的概率范围被约束在 95%。这种使用实验测量结果约束参数不确定度的过程称为模型校准或参数估计，5.3 节对此进行了更加详细的说明。物理测量结果是不确定的，每一次测量都是对物理系统的一次不完善询问，并且这种不确定度会影响测量结果对参数不确定度的约束程度。在模型预测与现实的比较中，测量结果不确定度也发挥着重要的作用。5.2 节对此将做简要阐述。

虽然本节的落球示例并未证明模型和现实之间存在系统性偏差，但这种偏差在实践中很常见。模型系统性偏差一经确定和量化，便可用来改进模型预测（例如，对于特定关注量而言，若计算模型预测值系统性地低了 10%，则仅需将该值调高 10%，就能更加准确地进行现实预测）。将不完善的模型嵌入统计框架中，利用特定领域的知识和可用测量结果，就能实现最佳预测（并量化其不确定度）——这一观点将在 5.4 节中探讨。

落球示例中的相关知识体系包括篮球（落球 3 次）、棒球（落球 3 次）和保龄球（落球 6 次）的实测落球时间，以及数学和计算模型。模型中的摩擦项是一个有效的物理模型，它可降低落球速度，并会试图捕捉球周围气流的小尺度效应。经验表明，摩擦常数取决于球的速度和平滑度，以及空气的性质。理想情况下，关注量（即垒球从 100m 高度处下落所需时间）不确定度评估至少需要包括定性评估，即在某一参数值 C_D 下，评判当前形式的摩擦模型是否适用于这些落球实验。模型预测可靠性或质量评估的概念将在 5.5 节中阐述。

更广泛地说，知识体系可以包括各种信息源，从实验测量结果到专家判断，再到相关研究结果均有涵盖。其中，某些信息源可明确用于约束参数不确定度，估计方差，或描述预测不确定度。而另一些信息源则可用于证明分析中采用的假设，例如，证明模型适用于预测偏离实验测量的情形。

理想情况下，还会规定该模型在预测各种球落球时间方面的应用域。例如，鉴于目前的知识体系，从狭义上讲，应用域可能只包括从 10~60m 高度处落下的篮球、棒球和保龄球。在此情况下，人们便不愿意根据方框 5.1 给出的基于模型不确定度来表征垒球从 40m 高度处下落所需时间，更无需说表征从 100m 高度处下落所需时间了。从广义上讲，应用域可能是图 5.1.1（a）中篮球—棒球—

保龄球构成的三角形区域以内,且具有某种半径—密度组合的任意球体。

我们还可以思考,篮球的哪些扰动因素可包含在此应用域内。稍微减小篮球尺寸,预测结果和不确定度还可信吗? 稍微降低它的密度,又会如何? 密度值为多少时,预测结果和不确定度不再具有可信度? 换句话说,我们是否能够评判篮球的哪些扰动因素足够"接近"被测篮球,从而得出准确的预测结果和不确定度估计值? 通常情况下,敏感性分析(Sensitivity Analysis,SA)有助于解决这个问题——这个示例表明,模型预测结果和不确定度的可信度会随着球体密度的降低而发生变化。我们还可能考虑模型中未做解释的情况。例如,橡胶篮球的落球时间是否应该不同于皮革篮球的落球时间? 球的质地会影响落球时间吗? 如果未做附加实验,则必须根据专家判断或其他信息源来解决此类模型适用性问题,而对这些问题所带来的影响还需要进行量化处理。

一般而言,应用域描述了在哪些条件下,计算模型得出的预测结果和不确定度才是可靠的。应用域应包括模型中具有和不具有的初始条件的描述符,以及预测时系统几何和物理复杂度的描述符。在设计一系列确认实验来帮助确定应用域方面,考虑这些因素至关重要。应用域的定义取决于当前可用的知识体系,包括特定领域的专业知识,同时,它还涉及诸多关于当前推导的定性特征。

5.1.3 模型确认表述

总体而言,确认是一个过程,涉及测量、计算建模以及特定领域的专业知识,用于评估模型在特定关注量和应用域下表示现实的能力。尽管"模型无法完全再现现实"这一观点通常可以得到证实,但是"已确认模型"这一通用术语却并不合理。只是存在大量证据表明,模型产生的结果与现实相符(存在特定的不确定性)。

研究结果:模型"已确认"是不合理的,这种论断过于简单。相反,确认表述应说明关注量、准度以及适用的应用域。

知识体系用以支持特定模型是否适当、是否能够预测相关关注量;而关键假设则用于实施预测。这两项因素都是模型结果报告中需要考虑的重要信息。这些信息将帮助决策者更好地了解模型的充分性,以及报告的预测和不确定度结果所依据的关键假设和数据源。可用物理数据与关注预测量之间的相关程度是验证和确认文献中的一个重要概念(Easterling,2001;Oberkampf 等,2004;Klein等,2006)。如何使用当前可用的知识体系来帮助定义有效域——这是思考如何论证模型预测具备可信度这一论点时需要考虑的一个方面。这一主题将在5.5 节中进一步探讨。

5.2　物理测量结果的不确定性

本章将继续讨论,通过对比计算模型的预测结果与关注量的相关可用物理数据来了解计算模型及其不确定度的问题。通常出现的一个复杂情况是,物理测量结果本身具有不确定性,也可能出现偏误。在方框5.1的落球示例中,针对每种类型的球,都获取了三次观测结果,这些观测结果以实际落球时间为中心,呈正态分布,标准差为0.1s。示例中,参数仅约束在图5.1.1(c)所示的椭圆内,而非更小的区域,其中一个原因便是物理测量结果的不确定性。

对这种不确定性进行表征,通常是VV&UQ分析的一个关键环节,但鉴于表征属于统计学的标准范畴,而且表征方法和经验繁多(Youden,1961,1972;Rabinovich,1995;Box等,2005),本书对此不予重点讨论。尽管如此,在获取VV&UQ分析所需的物理数据时,仍有几个问题必须谨记。

对于尚未进行的实验,应与VV&UQ分析师和决策者共同开发物理数据收集实验的设计,以尽可能地将VV&UQ效益最大化。获取实验数据的代价不菲(例如,产生每一个数据点,都需要毁掉一台原型车)。此外,还应从自己希望实现的计算模型校准、VV&UQ分析和预测的角度出发,正确选择实验数据,从而提供最佳信息。

在VV&UQ背景下,需要予以重点考虑的一个因素是,复制物理测量结果[①]的可取性——即在相同条件下(模型输入值相同),获得重复的测量结果是否可取。从计算模型的角度来看,这似乎是违反常理的;如果分析师试图判断模型预测现实的程度,那么在尽可能多的输入值下观察现实,似乎显得更加合理。但是,当物理数据受到测量误差的影响时,情况就会发生变化,因为此时,了解物理数据表示现实的程度是首要任务。如果物理数据在任何输入值下都没有对现实予以相当程度的约束,那么在判断计算模型相对于现实的保真度时,能够用得上的信息也就寥寥无几了。

如果已知物理数据存在测量误差、物理系统存在可变性(例如,数据存在已知的标准偏差),并且经过判定,该误差和可变性过小,足以充分约束现实,那么可能无需获取重复观测结果。但更明智的做法是,抱着合理的质疑态度看待标准偏差已知这一推论。如果根据测量仪器的特性和理论考虑因素确定测量误差

---

① 此处指的是Box和Draper(1987,第71页)所述的真正复制:"复制运行必须考虑到所有常见设置误差、抽样误差和分析误差的影响,这些误差会在不同条件下影响运行。未能实现这一点通常会导致误差估计不足,致使分析无效。"

的幅度,通常会忽略测量过程中的重要变化源和偏差源。因此,我们可以更好地利用资源来获取重复观测结果,而非试着去解释单次测量或实验中可能出现的每一个不确定度来源。在少许几个输入值下,人们得出的重复物理数据也许只够约束现实。但是,就算只有几个输入值,在准确量化不确定度的情况下了解现实,往往也比在大量输入值下仅对现实有个模糊的认识要好。

人们并非总能控制获取物理测量结果的过程。测量结果或基于历史实验,或基于观测,而这其中的重要细节可能都是未知的。测量结果还可能通过附属的反问题分析获得(例如,根据遥感信号推导温度或污染物浓度等参数量)。从多个角度来看,这种不精确性都会导致问题,比如,对物理数据不确定度的估计可能存在不足,或者可能根本就没有提供物理数据不确定度。在此情况下,将附属的反问题纳入确认和预测过程可能会有所成效。

由此可能产生一个重大问题,即物理数据可能存在偏误,其中的某个常见误差就会对所有测量结果产生类似的影响。例如,在落球示例中,如果测定所有落球时间的秒表越走越慢,那么物理观测结果就会出现偏误。同样,如果各球在释放时已有一个轻微的向下速度,则测得的落球时间也会越来越短。

将物理数据不确定度纳入不确定度量化分析的方法也很重要。凭借标准统计法,人们可根据物理数据对现实的约束来汇总物理数据,但在 VV&UQ 分析中,应将这种不确定度与计算模型相结合,尤其是当校准也是基于物理数据完成时。对此,贝叶斯分析法(5.3 节)的优势在于,它可以直接将不确定度纳入不确定度量化分析中。

5.3 模型校准和反问题

在 VV&UQ 的诸多应用中,都使用了物理测量结果来约束计算模型中的不确定参数。在图 5.1.1(c)的简单示例中,采用了测得的落球时间来减少两个模型参数(g 和 C_D)的不确定度。模型校准的这一基本任务属于统计推断中的标准问题,其应用涉及的参数数量从一两个(见方框 5.1)到几千个或数百万个不等。推导非均质场时,涉及几千个或数百万个参数的情况也十分常见(材料属性、初始条件或源项——如 Akçelik 等,2005)。

根据观测结果来估计仿真模型中的不确定参数,本质上就是一个反问题。正问题是在给定参数下(如关注区域内的非均质弹性波速度和密度),通过求解控制方程(如弹性波方程)预测可观测的输出参数(如地震仪位置处的地震动)。正问题通常具有适定性(存在唯一解,在输入参数的扰动下,仍能保持稳定)、因果性(后解只取决于前解)和局部性(前向算子包括耦合空间和时间上相邻解的导数)。

然而,反问题则是通过确定与特定测量结果一致的参数值,颠倒这种关系。反问题求解可能非常困难,原因在于:①观测结果(即测量结果)到参数的映射可能并非一一对应,尤其是当参数数量多而测量值少时;②测量值的微小变化可能导致许多参数甚至所有参数发生变化,特别是当正演模型为非线性模型时;③通常情况下,分析师所能获取的全部信息,就只是用于求出正问题近似解的计算模型而已。

在简单的模型校准或反问题中,采用协方差矩阵确定的不确定度"最佳估计值",就可以描述校准后的参数不确定度,从而表征参数不确定度的方差和相关性。但是,当反问题的解不是唯一解,或当测量误差具有非标准形式时,确定最佳估计值就成问题。在这些情况下,求得反问题唯一"解"的常用方法是,将其表示为一个优化问题,即将两项之和最小化。这两项分别为适当范数内输出参数的观测值和预测值之间的不拟合组合,以及惩罚无用参数特征的正则项。此方法通常被称为 Occam 方法——找到与实测数据一致的"最简单"参数集。因此,反问题可导致非线性优化问题,其中正演模型嵌入不拟合项中。当正演模型采用偏微分方程(Partial Differential Equation,PDE)形式或一些其他高成本模型时,即使反演参数的数量较少,也能得出具有大量状态变量(位移、温度、压力等)的优化问题。更广泛地说,不确定参数可以取自连续的数值(如初始条件或边界条件、非均质材料参数或非均质源),在离散化时,同样也会得出具有大量反演参数的反问题。

针对上述反问题采用正则化方法来估计参数,将会产生"最佳"参数值的估计值,这些参数值对不拟合函数和罚函数组合进行了最小化。但是,在不确定度量化中,分析师不仅需要关注最佳拟合参数的点估计值,还需关注与数据相符的所有参数值的完整统计描述。采用贝叶斯方法便可实现这一点,具体来说,就是将反问题重新表示为统计推断问题,将测量结果不确定度、正演模型不确定度及与参数相关的任何先验信息均纳入其中。反问题的解是参数后验概率密度集,描述了更新后的模型参数不确定度(Kaipio 和 Somersalo,2005;Tarantola,2005)。因此,在考虑了数据不确定度、模型不确定度和先验信息的情况下,可以量化出模型参数的最终不确定度。此处的"参数"一词是广义上的概念,包括初始和边界条件、来源、材料属性以及模型的其他参数等;事实上,贝叶斯方法经过不断发展,也可用于推导模型形式的不确定度(所谓的结构不确定性或模型不充分性将在 5.4 节进行探讨)。

反问题的贝叶斯求解过程如下。采用下式来表示可观测输出参数 y 的模型预测结果和不确定输入参数 θ 之间的关系:

$$y = f(\theta, e)$$

其中,e 为因测量或建模误差引起的噪声。换句话说,在给定参数 θ 的情况下,函数 f(θ) 调用正问题的解,以得出 y,即可观测输出参数的预测结果。假设分析师已知先验概率密度 π_先验(θ),可对未知参数(独立于现有观测结果信息的参数)相关的先验信息进行编码。进一步假设分析师可以使用计算模型建立似然函数 π(y_观测│θ),描述参数 θ 产生实际测量结果 y_观测 的条件概率。然后,在给定数据 y_观测 下,根据贝叶斯定理将参数的后验概率密度 π_后验 表示为条件概率。

$$\pi_{后验}(\theta) := \pi(\theta|y) \propto \pi_{先验}(\theta)\pi(y_{观测}|\theta) \tag{5.1}$$

表达式(5.1)求得了反问题的统计解,作为模型参数 θ 的概率密度。

虽然写出后验概率密度的表达式(如表达式(5.1))非常容易,但是由于后验概率密度的维数较高(与参数数量相等的维数面),并且此面上每个点都需要求出正问题的解,所以这些表达式的应用具有一定难度。除个别参数和低成本正演模拟以外,简单的基于网格的抽样方法不具有可行性。目前,已开发出马尔可夫链蒙特卡罗方法等特殊抽样法,用于生成样本集合。与基于网格的抽样方法相比,特殊抽样法的样本集合所需点数通常要少得多(Kaipio 和 Somersalo,2005;Tarantola,2005)。尽管如此,随着正演模拟复杂度和参数空间维数的不断增加,马尔可夫链蒙特卡罗方法也面临着棘手的难题。高维参数空间和正演模型的组合需要数小时才能完成求解,使得标准马尔可夫链蒙特卡罗方法在计算上丧失了可行性。

如第 4 章所述,克服这一计算瓶颈的关键之一是,检查正演模型的细节,并有效利用其结构,隐式或显式地降低参数空间和状态空间的维数。这样做的动机是,由于反问题是不适定问题,数据通常只能提供参数字段一小部分"模式"的有用信息。另一种说法是,参数—可观测量映射的雅可比矩阵通常为紧致算子,因此可以使用低秩近似有效表示此矩阵——也就是说,在某种基础上,它通常为稀疏矩阵(Flath 等,2011)。其余的参数空间维数无法通过数据推导得出,因此通常都通过先验获得。先验无需求解高成本的正问题,所以计算成本要低得多。参数—可观测量映射的密实度表明,正问题的状态空间也可以减少。需要注意的是,即使通用的、经过正则化的先验(Besag 等,1995;Kaipio 等,2000;Oliver 等,1997)让我们得以实现后验探索,获得有用的点估计值,它们可能也无法充分描述实际场的不确定度。当物理场存在粗糙性或不连续性(这在分析中使用先验模型的情况下是不允许的)时,这种情况颇为常见。这种情况下,根据这种分析得出的不确定度,在小空间尺度上并不适用。通过指定更加现实的先验,便可解决这些难题。

目前,许多反问题模型降阶方法的应用前景都非常广阔,包括参数—可观测量映射的高斯过程响应面近似(Kennedy 和 O'Hagen,2001)、预测型正演模型降阶(Galbally 等,2010;Lieberman 等,2010)、随机正问题的混沌多项式近似(Badri Narayanan 和 Zabaras,2004;Ghanem 和 Doostan,2006;Marzouk 和 Najm,2009)、对数后验 Hessian 低秩近似(Flath 等,2011;Martin 等,编制中①)。经证实,存在对计算要求苛刻的正演模型时,利用多模型分辨率的方法有助于加快马尔可夫链蒙特卡罗方法进程(Efendiev 等,2009;Christen 和 Fox,2005)。

除了直接在计算机模型上使用标准马尔可夫链蒙特卡罗方法,也可使用仿真器(参见 4.1.1 节——计算机模型仿真)作为替代方法。在许多情况下,将马尔可夫链蒙特卡罗方法直接应用于计算机模型,反问题求解会出现计算瓶颈,而使用仿真器则可缓解这一问题。方框 5.2 展示了仿真器在保龄球落球实验(见方框 5.1)中如何减少计算机模型运行次数的情况。

实验中测得的落球时间取决于未知参数 θ(本示例中为重力加速度 g)和物理系统中可测量或可调整的量 x。示例中的 x 表示落球高度,但从更广泛的角度来说,x 可以描述系统几何结构、初始条件或边界条件。在特定 x 下,可观测输出参数和不确定输入参数 θ 之间的关系采用下式表示:

$$y_{观测} = \eta(x,\theta) + e \tag{5.2}$$

其中,e 为测量误差。计算机模型在有限数量的输入配置 (x,θ) 下运行,如图 5.2.1(a)、(b)和(c)中各点所示。构建一个计算模型的仿真器,用来代替模拟器(图 5.2.1(b))。或者使用一个层次模型来完成仿真器的构建和 θ 的估计,该模型针对 $\eta(\ )$ 规定一个高斯过程模型,并将 θ 的估计视为一个缺失数据问题。例如,可以利用参数 θ 的后验概率分布来推导此参数,通常采用马尔可夫链蒙特卡罗方法进行抽样(Higdon 等,2005;Bayarri 等,2007a)。

可结合物理观测结果和计算模型来估计参数 θ,从而约束计算模型的预测结果。再次回到图 5.2.1(c),概率密度函数(Probability Density Function,PDF)(中间实线所示)展示了计算模型与物理观测结果结合后更新的 θ 的不确定度。显然,物理观测结果极大地增加了我们对未知参数的了解,降低了保龄球 100m 落球时间的预测不确定度。

研究结果:在广泛的模型校准和反问题中,可采用贝叶斯方法来估计参数,并提供不确定度的伴随度量指标。然而,在高维参数空间、高成本正演模型、高度非线性正演模型甚至是非连续性正演模型以及高维可观测量等设置或者需要

① J. Martin、L. C. Wilcox、C. Burstedde 和 O. Ghattas,用于大尺度统计反问题的随机牛顿马尔可夫链蒙特卡罗方法及其在地震反演中的应用,《美国工业与应用数学学会科学计算国际期刊》即将发布。

估计小概率的设置下,这种方法仍然面临诸多挑战。

建议:研究人员既要了解 VV&UQ 方法,又要了解计算建模,才能更有效地发挥两者之间的协同作用。对于教育项目,包括设置了研究生教育课程的研究项目,课程设计应当注重培养学生对这方面的理解。

5.4　模　型　偏　差

过程的计算机模型很少能够完美地表示被建模的真实过程,模型和现实之间通常会存在一定的偏差。这是个几近老生常谈的问题,尽管几乎无人对此持反对意见,但人们普遍存在着两种立场:①"在现有资源下,如果这是目前我们能够构建的最佳模型,那么简单地使用模型来代替现实,就已经是最好的做法了";②"除非已'证实'模型能够准确表示现实,否则使用模型来模拟现实绝非合理的做法"。

在某些应用场景下,人们必须有所行动(例如,当得知可能发生海啸时,就要做出是否撤离的决定),第一种立场似乎能够站得住脚。但从科学的角度来看,这种立场仍不尽如人意。而第二种立场似乎带着科学真实性的光环,就更加难以置评了,但保持这种立场,可能会导致人们在该做某事时,却什么都没做。例如,从绝对意义上讲,短时间内恐怕不太可能证明气候模型能够准确描述现实,然而无视气候模型提出的建议,后果可能会十分严重。

解决模型不充分性的问题是 VV&UQ 最困难的环节。虽然人们或许能够列出一连串可能导致这一问题的缘由,但要了解这一问题对关注量预测的影响,却是极其困难的。此外,解决模型不充分性的问题也可以说是 VV&UQ 最重要的环节:如果模型能力有限,不足以将物理、化学、生物学或数学全部纳入其中,导致出现严重错误,那么即使分析过程中考虑了其他不确定性因素,可能也将毫无意义。

解决这一问题的正式方法分为两个阵营。选择哪一个阵营,取决于可用信息。第一个阵营,即通过比较模型输出参数与被建模的真实过程的物理数据进行评估。这种方法的基本原理是,判断一个模型是否有效的唯一方法是确定模型预测结果是否正确。本书中,这种方法被称为预测评价法。另一个阵营则关注模型本身,试图评估模型中每个构建元素对应的准度或不确定度。这种方法的基本原理是,如果模型包含对应系统的所有元素,并能证明所有元素(包括计算元素)都是正确的,而且这些元素也能正确耦合,那么从逻辑角度来看,模型定能给出准确的预测。本书中,这种方法被称为模型逻辑评价法。当然,评估特定模型是否充分,可能涉及各阵营的多项元素。

在讨论这些正式方法之前,需考虑指标和容差,以此来衡量模型充分性。其中,真实过程预期特征(关注量)的预测准度就是一个很明显的指标。重要的是,任何模型都不可能准确地预测出真实过程的各个方面,但可以准确地预测出真实过程中重要的关注特征,使其保持在预期应用的允许容差范围内。此外,由于不确定性因素广泛存在,预测结果必定会附带一个不确定度范围。因此,预测可采用这样的陈述形式:"真实的关注量是 5 ±2(概率为 0.9)"。根据此类陈述来观察模型充分性,具有许多优势,包括:

(1)模型很小概率能在整个可能的关注输入参数范围内做出高度准确的预测,也很难预先对准度和不准确度的区域进行表征。上文的陈述表明了关注量预测值的准度,用户能够确定该准度是否足够。

(2)预测的准度(上文陈述中的数字"2"和"0.9")通常会因计算机模型的应用不同和关注量不同而有所差异。针对不同的预期应用和关注量,所需的准度也可能不同。

(3)不确定性表述可同时包含概率不确定性和结构不确定性(又称模型偏误或偏差)。

特别要注意的是,"模型是有效的"(即始终有效)或者"模型是无效的"(即始终无效)——这样的概括性陈述几乎总是缺乏有用的信息(尽管在某些情况下,后者可能并非如此)。考虑到判断模型有效性的这一指标,当我们能获得真实过程的数据时,于是就有了模拟不充分性的正式方法(Kennedy 和 O'Hagan,2001;Higdon 等,2005;Bayarri 等,2007a)。下文关于汽车悬架的案例研究就采用了此方法,现在对此予以简要概述。

模型偏差通常会随实验条件(x)而变化。由于模型偏差的存在,即使给定了正确的输入参数,也无法实现完美的系统建模。可观测输出参数 y 和控制系统的参数(x、θ)之间的关系采用下式来表示:

$$y = f(x, \theta, e)$$

其中,e 表示噪声。在将真实过程数据与计算机模型运行相结合的一种正式方法(Kennedy 和 O'Hagan,2001;Higdon 等,2005;Bayarri 等,2007a)中,物理观测结果被视为计算机模型输出参数、模型不充分性函数和噪声的总和。相应的数学表达式为

$$y_{观测}(x) = f(x, \theta, e) = \eta(x, \theta) + \delta(x) + e$$

其中,$\eta(x, \theta)$ 表示输入参数(x、θ)的计算机模型输出参数;$\delta(x)$ 表示在特定值 x 下(可观测或可调节的系统变量)计算机模型输出参数与真实物理关注量均值之间的偏差。

72

目的是利用计算机模型和物理观测结果的实现来完成以下目标：①求解反问题，从而估计参数 θ；②评估模型充分性；③建立系统预测模型。贝叶斯层次模型是实现上述目标最为常用的方法。该模型针对 $\eta()$ 和 $\delta()$ 指定高斯过程模型，并将 θ 的估计视为缺失数据问题。对于高斯过程参数和 θ，必须指定先验分布。通常使用马尔可夫链蒙特卡罗算法，根据这些参数的联合后验分布进行抽样，估计所有未知量，包括偏差 $\delta(x)$ 以及估计值不确定度量化中的误差范围。结合计算模型和物理测量结果进行校准和预测的替代性相关公式，参见 Fuentes 和 Raftery（2004）、Goldstein 和 Rougier（2004）以及 Tonkin 和 Doherty（2009）。

为了使这些扩展更加具体，请考虑方框 5.3 中落球实验的简化版本。在本示例中，计算模型是方框 5.1 中列出的简单模型，模型中的未知参数（θ）是重力加速度（g）。该简单模型未考虑球的属性和空气摩擦力的影响。姑且假设实验仅采用保龄球（见方框 1.1 或方框 5.2），且根据 5.3 节"模型校准和反问题"对反问题进行求解。值得注意的是，对保龄球落球时间的约束预测效果非常好。但是，图 5.3.1（a）中前两个图却表明，该模型不能准确预测篮球和棒球的落球时间。这也意味着，针对未经测试的垒球，预测结果也会出现问题。

方框 5.3　使用模型偏差项来预测落球时间

在对仅考虑重力加速度（方框 5.2）的模型进行校准后发现，该模型不能准确预测篮球和棒球的落球时间（图 5.3.1（a））。因此，该模型被认为不足以预测垒球从 40m 或 100m 高度处下落所需时间。

概念和数学模型只考虑重力加速度（g）。根据下式调整模拟落球时间，得到偏差调整预测结果：

$$落球时间 = 模拟落球时间 + \alpha \times 落球高度$$

其中，α 取决于球的半径和密度（$R_球$、$\rho_球$）。模型得出 α 的估计值，球的密度越低，α 值越高（图 5.3.1（c））。

图 5.3.1（d）显示了使用上述偏差调整模型得到的预测结果。该模型中，参数 g 和 α 均存在不确定度，导致不确定度增加。

最终预测结果和不确定度使用的模型可以更准确地拟合已知数据，但一般无法准确地再现现实。此外，偏差项并非通过物理方式推导得出。例如，对于掉落时间较长的物体，偏差调整模型不会产生恒定终速。这表明此类预测结果的质量低于方框 5.1 中阻力模型预测结果的质量。特别是在更高的位置释放球时，落球速度更快，针对此类偏差调整模型，预测结果的可信度就更低。关键问题在于，释放高度（如垒球）为多少时，预测结果（以及不确定度）就会变得不可靠。

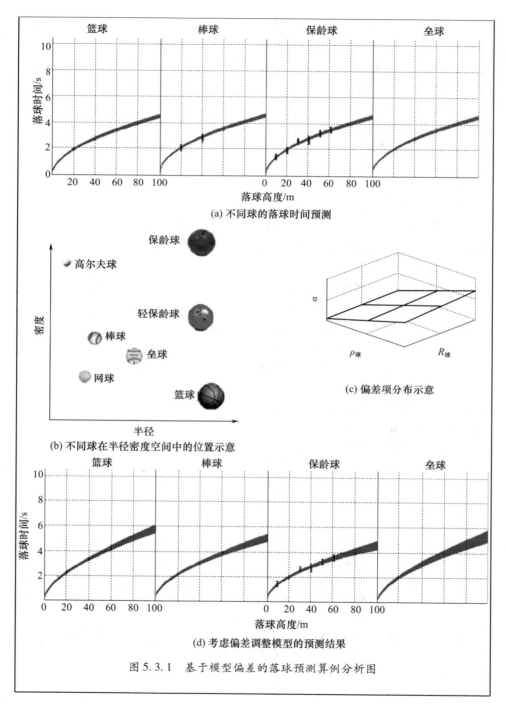

(a) 不同球的落球时间预测

(b) 不同球在半径密度空间中的位置示意

(c) 偏差项分布示意

(d) 考虑偏差调整模型的预测结果

图 5.3.1 基于模型偏差的落球预测算例分析图

如果可以获得篮球、棒球和保龄球的所有观察结果,则可估计出涉及各球半径和密度的模型偏差(即模型不充分性)项。特定偏差估计结果,参见图 5.3.1(c)。图 5.3.1(d)表明,已调整偏差的模型在预测物理响应方面效果更好。还需注意的是,每个球的 95% 概率区间比方框 5.1 中所示概率区间要宽,这是因为统计模型既估计了 g 值,也估计了偏差模型的参数(即描述函数 $\alpha(R_{球}, \rho_{球})$ 的参数)。

我们继续来讲此示例,假设关注量还包括垒球落球时间的预测,但是没有可用的观测结果。由于建模时,偏差作为球半径和密度的函数,因此可以针对垒球进行已调整偏差的预测(图 5.3.1(d))。由于缺乏垒球的观测结果,垒球 95% 的概率区间就比其他球的区间要宽,可通过已估计的偏差模型来确定这种设置下的模型不充分性。

也许,有人会想用此种方法来估计高尔夫球的落球时间。但是,高尔夫球不在实验探索的半径和密度范围内。这种场景就构成了偏差函数的外推,人们无法知道其函数形式。无论如何,在实验区域之外进行外推时应小心谨慎。

在诸多已公布的应用场合,本章所述的新增偏差项,均建模为高斯过程。新增偏差项可采用其他更具物理动机的形式来代替。在计算模型规范中嵌入偏差项也很常见。例如,图 5.1.1(b)中常微分方程(Ordinary Differential Equation, ODE)的空气摩擦项可视为具有物理动机的嵌入偏差项。这类偏差项更多地称为参数化物理项或有效物理项。一般来说,偏差项的物理动机越强,预测的应用域就越宽广。从更广泛的视野来看,调整基本的、不充分的模型做出有用预测的一般方式很有可能成为未来 VV&UQ 研究中颇具发展潜力的领域。

在计算模型规范中嵌入偏差项的方法并非万全之策。使用此方法时,应牢记一些注意事项。例如,这种方法可能会严重混淆参数(θ)估计值和偏差函数估计值。广义地说,无论参数 θ 的选择合理与否,偏差都有一定关系(Loeppky 等,2011)。事实上,如果模型存在不充分性(即不能将偏差完全地估计为零),则不应将未知参数(θ)的估计视为反问题的解,而更应视为修正参数,从而确保计算机模型和偏差之和能够完美匹配观测结果。此外,只有在真实过程数据的附近区域内,"模型偏误或偏差修正"才称得上准确,所以偏差估计值不一定能够很好地外推到新情况(但在幸运的情况下可以实现)。尽管存在上述种种问题,对偏差面进行正式地探索也可能会产生重大意义,暴露出计算模型不适合的输入空间区域,从而潜在推动模型改进。

研究结果:偏差函数有助于调整计算模型,实现更好的插值预测。偏差函数还有利于减少对相关模型的修正或校准参数进行过度调整。

如果无法获得真实过程数据(如 5.9 节中预测工程和计算科学中心的案例

研究,或者确定核库存条件的部分问题),只能选用"逻辑"法来评估模型充分性,没有其他替代方法(可以通过子组件相关的真实过程数据,对模型子组件的充分性进行部分评估)。分析每一可能来源的不确定性因素时,需格外小心。尽管我们倾向于实施"最坏情况"分析,但此类分析通常不会带来有用的政策指导方针,因为"最坏情况"太过极端,尤其是当系统由大量组件构成,而每一个组件的"最坏情况"都需进行组合时。

假设系统由 15 个组件构成,并已知每个组件的准确失效概率为 0.002 ~ 0.007,那么最坏情况分析只会表明系统的失效概率(假设任何组件出现故障,则系统会出现故障)处于 0.03 ~ 0.10,这个区间范围过大,不利于做出决策。相反,如果假设组件的失效概率(各自)均匀分布在 0.002 ~ 0.007,则系统失效的 95% 置信区间将在 0.060 ~ 0.070,这个区间范围便小得多。当然,人们可以反对后一种分析中的假设,但从决策的角度来看,与最坏情况分析导致的大量不确定性因素相比,接受这种假设可能更好。

在涉及模型偏差的领域中,研究和教育问题比比皆是。以下总结了几个主要问题:

(1)评估模型充分性的预测法存在实施问题:模型参数和偏差项之间的权衡导致了可识别性问题,并且难以在高维问题中实施。

(2)凭借对应用和模型缺陷的深入了解,针对偏差项使用具有物理动机的形式,仍是一个悬而未决的问题。可由精通 VV&UQ 方法、计算建模和当前应用程序的研究人员来推进这个问题的解决进程。

(3)使用多模型集合(5.7 节)的动机之一是利用一系列模型来估计物理现实。其中,每个模型都有偏差。模型集合有利于估计模型偏差吗?能否利用边界概念,构建出能够量化模型预测结果和现实之间差异的模型集合?

(4)通常,VV&UQ 最终会落脚到决策上。如果模型偏差是导致预测不确定度的重要因素,那么就需要在使用模型来解决的决策问题中得到体现。VV&UQ 分析得出的结果必须能够纳入整个决策问题中。

(5)应将评估模型充分性的过程视为一个循序渐进的过程,相关证据随时间累积,从而提升或降低模型输出参数及其应用于预期应用场合的置信度。因此,随着信息的不断增加,正式方法必须能够适应当前结论的更新。

贝叶斯方法的替代方法是人们可以正式地进行假设检验,从而确定是否可以假设在检验条件下偏差为零(Hills 和 Trucano,2002)。但是,这种方法会导致两个问题。第一个问题是检验可能缺乏统计功效。例如,如果物理数据不确定度较高,并且对现实几乎没有任何约束,那么在统计上不会否定偏差为零这一零假设,哪怕计算模型偏误极大。另一个相反的极端情况是计算模型十分优越,其偏差近乎为零,足以让模型具有很高的利用价值,但鉴于物理数据量太多,人们便会利用任意正式的统计检验来彻底否决偏差为零这一零假设(关于后者的示例,请参见 Bayarri 等,2009a)。因此,委员会认为,估计偏差以及相关误差范围和规定容差的方法更具成效。

5.5　评估预测质量

决策者必须利用考虑了不确定度的预测结果来评估风险,采取行动,从而凭借有限的资源,缓解潜在的不良事件。除了提出不确定度估计值之外,预测质量(包含不确定度)评估也很重要,它可以对估计值所依据的关键假设是否适当,以及建模过程是否能够完成此类预测予以描述和评估。采用何种方式来评估预测质量或可靠性并描述预测不确定度,取决于多种因素,包括相关物理测量结果的可用性、被建模系统的复杂度,以及计算模型再现关注量所依据的物理系统重要特征的能力。

本节探讨了评估预测质量、预测不确定度及其对应用特征的依赖性方面的问题,包括物理测量结果、计算模型以及关注量的相关推导所需的外推程度。

对于可重复事件,一般可凭借经验对计算模型的预测不确定度进行可靠评估,无需详细了解模型的工作方式以及模型与现实之间的差异。例如,我们考虑采用两个不同的模型对次日高温进行预测(图 5.1)。一个模型使用当日高温作为预测结果,另一个模型则采用美国国家气象局提供的预测结果。后者的预测结果基于最先进的计算模型以及地面站和卫星馈送的最新数据。将过去一年的预测结果和物理观测结果进行比较后,可以推断,尽管两个模型均不存在偏误,但美国国家气象局模型的预测结果更为准确。气象局预测的 90% 预测区间在 ±6℉ 内,而经验模型的 90% 预测区间则在 ±14℉ 内。

计算模型和物理观测结果的结合是数据同化的一个经典示例。此领域已发展成熟,有大量围绕此类滤波或数据同化问题的文献和研究(Evensen,2009;Welch 和 Bishop,1995;Wan 和 Van Der Merwe,2000;Lorenc,2003;Naevdal 等,2005)。针对此类问题,人们也根据新的物理观测结果,不断更新模型。在这些应用中,预测及其不确定度得到可靠估计,数据也相对丰富,并且数据与模型输出参数的数量相当。

在许多基于模型的预测问题中,由于关注域内没有足够的测量数据来直接评估计算模型的预测准度,所以纯粹的经验或统计方法不具备可行性。比如,在方框 5.1 和方框 5.2 所述的落球实验中,垒球从 100m 高度下落所需时间是基于一个计算模型以及各种球(除垒球以外)从不同高度(不超过60m)下落的实验结果而预测出的。另一个例子是5.6节所述的汽车悬架系统案例研究,Hills等(2008)描述的热问题也是如此。在上述每一个示例中,为了得出预测结果和包含不确定度的估计值,能与计算模型相结合的数据十分有限。这就意味着,在这些预测中,存在某种程度的外推。在这些情况下评估预测质量和不确定度估计值,除了正在使用的VV&UQ方法外,还需了解物理过程和计算模型。

测量数据和计算模型的结合可能更加错综复杂,这在PECOS对再入飞行器热保护层(5.9节)的评估,或者Oberkampf和Trucano(2000)所述的巡航导弹评估,或者美国能源部国家核安全管理局(National Nuclear Security Administration, NNSA)实验室库存管理程序的确认工作(Thornton,2011年)中可见一斑。在这些应用场合中,采用了一系列不同的实验来探索物理系统的不同特征。其中,某些实验研究了单一现象,如材料强度或状态方程式,而另一些实验则从需要多重物理量模型的多重物理现象过程中得出了测量结果。通常,简单实验只涉及单一效应,因此实验越简单,就越容易获得实验测量结果。相比而言,高度集成的实验成本高、不普遍。在此类应用中,关注量的预测模型通常需要采用一个多重物理量代码。在实验中,通常很难或者根本无法直接观测关注量。需结合多个实验的测量结果与计算模型,以得到关注量不确定度的预测结果。理想情况下,还应评估预测结果的质量及预测不确定度估计值的质量。

在上述应用场合中,关注域的数据有限,而其他应用场合的外推程度则更高。2.10节中所述的气候建模案例研究便是一个很好的外推示例。在该示例中,关注量CO_2是经过15年强迫倍增后的全球平均温度。除了时间和强迫条件的外推外,还依据模型进行了预测,模型不包含实际气候系统中存在的所有物理过程。此案例研究详细说明了调查中可能出现的许多问题。还有一些示例也可能具有高度外推性,比如因数百年或数千年间地下水输运而产生污染风险的评估。在此类应用场合中,存在的一个风险是模型可能会遗漏一些关键物理现象。这些现象对于控制评估校准和确认阶段的过程并不重要,但是对于外推预测系统却相当重要。尽管很难顾及可能遗漏的过程,也很难量化这些过程对关注量预测值的影响,但在高度外推的设置中,这种遗漏很可能会致使模型预测结果偏离现实。关于地下污染物输运的著名示例,请参见Kersting等(1999)。

在外推场合下,评估确认和不确定度量化的质量似乎缺乏一个公认的通用数学框架,但几乎所有这些应用场合都调用了域空间概念,用以描述与关注量相关的物理和建模过程的关键特征。方框5.2展现了一个非常简单的示例,在这个例子中,每一项实验都采用初始条件(落球高度、球半径和球密度)进行描述。

图 5.7 的层次确认场景中也存在域空间概念,该空间考虑了系统中各项基本过程,以及这些过程的集成。图 5.2 展示了 VV&UQ 文献中的一些域空间概念,涵盖了从初始条件的具体描述到系统复杂度的模糊描述符。

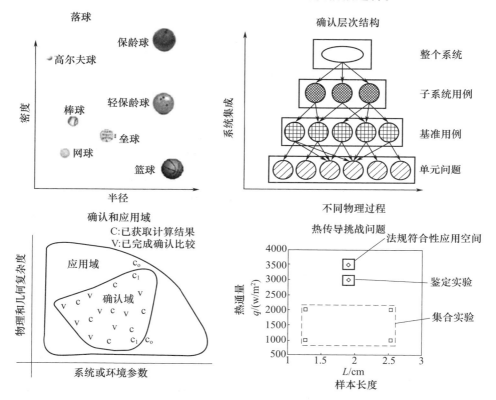

图 5.2　四个不同 VV&UQ 源的域空间。域空间描述了评估模型重现实验所需准度的相关条件。在某些情况下,域空间描述的内容非常具体,比如描述初始条件;但在另一些情况下,域空间的指定内容则更加宽泛(资料来源:确认层次结构由美国航空航天学会(1998)供图;确认和应用域由 Oberkampf 等(2004)供图;热问题示例由 Hills 等(2008)供图)

利用域空间概念,就能估计预测不确定度或质量,且估计值随着该空间中的所在位置而发生变化。在方框 5.3 中,将描述初始条件的域空间用作定义模型偏差项的依据,从而定量地描述随落球高度、球半径和球密度而变化的预测不确定度。显然,域空间所包含的内容不止模型输入项。例如,Higdon 等(2008)使用的偏差项是根据实验观测结果中的二维特征定义的,而这些实验观测结果无法纳入用过的一维模型中。

如图 5.2 所示,定义一个描述重要物理现象(用于控制或影响真实物理关注量)的域空间,或许也能达到效果。相关示例可能包括定量维数,如物理系统所访问的温度和压力,也包括定性维数,如关注量是否受到相变、湍流或边界效应的影响。构造此类域空间后,可以更直接地诊断出模型缺陷。例如,如果系统发生相变,则关注量计算值不可靠,因为模型并未针对这一现象。通常,很难通过实验获得这些特征,因此,难以基于现象对域空间进行描述。模型可能会有所帮助,但模型可能无法如实再现物理系统的这些特征。

域空间映射有助于深入了解相关情况,即在哪些情况下计算模型预计能够提供充分准确的预测值。此外,域空间还有助于判断可用物理观测结果与需要模型来实施预测的情况之间能够达到何种近似程度。例如,特定领域专家和建模专家可能都同意这一说法:空间的某些特定维数发生变化,模型仍会产生可靠的预测结果,但当其他维数发生变化时,模型就不会产生可靠的预测结果了。在对这个域进行定义时,可能会涉及敏感性分析,但敏感性分析不应只局限在探索模型上。在将数学模型和计算模型同这一应用场合下的现实进行对比时,了解两者的优缺点至关重要,而这在很大程度上必须依赖于学科领域的专业知识。

5.6　汽车悬架系统案例研究

5.6.1　背景

在工业领域,过程计算机模型有着巨大的应用潜力,可以直接使用低成本的过程计算模拟来代替昂贵的原型设计和实验。例如,在汽车工业中,每辆原型车的建造成本可能高达数十万美元,而且车辆的物理测试成本也很高。如果在设计和测试中采用车辆或其组件的计算机模型来代替原型车,则可以节省一大笔成本。当然,只有当计算机模型能够成功表示真实过程时,才具有可信度。

本节探讨了汽车悬架系统的计算机模型研究(Bayarri 等,2007b),重点研究了计算机模型对悬架系统承压荷载(如遇到坑洼)进行预测的能力。本案例研究详细阐述了不确定度量化过程中所需的大部分推导的范围,包括:

(1)模型输入参数的不确定度。

(2)校准或调整模型参数的必要性。

(3)模型和真实过程之间偏差的评估。

(4)针对模型预测值划定不确定度区间。

(5)允许通过调整偏差来改进模型预测。

本研究采用的方法基于贝叶斯概率分析,其独到之处在于允许同时处理所有上述问题,并且还划定了模型预测的最终不确定度区间,其中模型预测考虑了输入参数和模型中的所有不确定度。特别是,模型预测结果始终具有 90% 置信区间,从而能就模型预测准度是否足以满足预期用途而做出直接、直观的评估。但是,本研究采用了商业软件,并未进行软件验证,因为人们认为验证是软件开发人员的责任。

5.6.2　计算机模型

ADAMS[①] 计算机模型是一种广泛应用的基于有限元的商用代码,用于分析机械组件的动态行为。相关研究人员采用这种模型(Bayarri 等,2007b),再现了车辆悬架系统的承压荷载。

除了有限元模型本身(须为每种车型都构建一个模型),计算机模型还有若干输入参数:

(1)两个校准参数 u_1 和 u_2,用于量化被研究物理过程中需要估计(或调整)的两种阻尼(能量耗散)。

(2)与悬架系统部件(轮胎、衬套和保险杠)特性以及车辆质量相对应的 7 个未测量系统参数;这些参数的标称值为已知量,但由于制造差异的影响,这些参数被视为围绕其标称值随机变化。

5.6.3　被建模的过程和数据

按照最初的设想,计算机模型是为了取代(或大幅减少)使用真实车辆在布有应力源(坑洼)的测试跑道上进行现场测试。车辆在测试跑道上行驶时,悬架系统荷载的时间轨迹便是车辆测试结果。图 5.3 显示了针对上述 9 个输入参数值的 65 种不同组合,计算机模型对时间轨迹的预测结果。使用拉丁超立方设计,选择了 65 个输入值集,代表性地"覆盖"了可能输入值的设计空间(为简单起见,图 5.3 仅显示了部分时间轨迹——车辆驶过一处坑洼,跨距约为 3m——此处仅探讨针对此区域的分析)。

在该背景下,模型确认过程可以考虑使用预测法;确认过程将重点关注车辆在测试跑道上实际行驶过程中获取的现场数据。测试车辆悬架系统多个位置处均配备了传感器,且车辆在测试跑道上实际行驶了 7 次,生成了关于道路荷载的 7 个"真实"独立时间序列,测量时会出现随机误差,但不会产生偏误。

---

① 参见 http://www.mscsoftware.com/Products/CAE – Tools/Adams.aspx. 检索时间:2011 年 9 月 1 日。

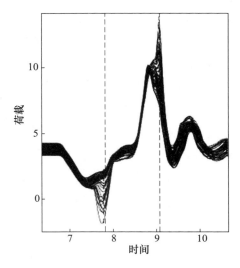

图 5.3　在 65 个输入值集合下悬架系统受力的计算机
模型预测结果（资料来源：Bayarri 等，2007a）

5.6.4　不确定度建模

为了理解计算机模型预测结果的不确定度，首先需要对模型输入参数、真实过程数据和模型本身的不确定度进行建模。通过咨询参与项目的工程师，获取了先验概率分布，以先验概率分布的形式提供了 9 个模型输入参数的不确定度。其中许多先验概率分布都是制造可变性引起的悬架系统部件的已知分布。使用小波分解过程对数据中的测量误差进行建模。

计算机模型本身有两个不确定性来源。第一个是 5.3 节"模型校准和反问题"中讨论的模型偏差问题。解决该问题的办法是允许计算机模型与现实出现的函数偏离，同时在偏差之前执行高斯过程（遵循 Kennedy 和 O'Hagan，2001）。模型中不确定度的第二个来源是仿真器的使用（计算机模型的近似），这是因为计算机模型的运行成本很高，所以使用仿真器来代替。由于仿真器的构建采用了高斯过程，因此近似引起的不确定度可以轻松纳入不确定度的总体评估中。

5.6.5　分析和结果

采用包括马尔可夫链蒙特卡罗计算的贝叶斯分析方法，对代表不确定模型输入参数、不确定真实过程数据和不确定模型的概率分布集合进行了处理（Bayarri 等，2007b）。分析结果用关注量的后验分布表示，采用后验期望值（对数量的"预测"）和置信区间进行概述，显示预测不确定度。

图 5.4 显示了模型偏差估计值,即计算机模型预测结果和真实过程之间的差异估计值。虚线表示平均偏差,实线表示该偏差的 90% 不确定度区间。从图中可以看出,计算机模型为真实过程提供了合理近似;如果偏差的常数值为零,则表明确认过程是完美无缺的。

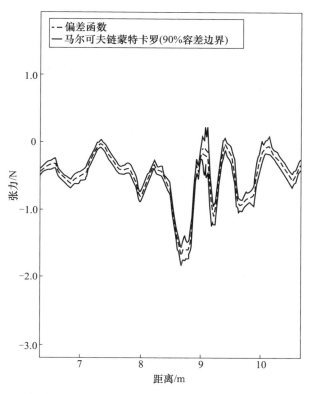

图 5.4　计算机模型与现实之间的偏差估计值(资料来源:Bayarri 等,2007b)

除了尖峰(出现在坑洼处),工程师们并不认为显示值与零之间的偏离很大。因此,人们做了一些工作,将偏差评估纳入计算机模型对现实的改进预测中。值得注意的是,由于偏差和阻尼参数的不确定度具有高度依赖性,必须利用两者不确定度的联合后验分布来确定调整值,因此,偏差评估的纳入并非简单地将偏差"添加"到模型预测中。

可以考虑多种预测场景。其中难度最大的场景是具有不同输入参数标称值的新车型的预测。事实上,计算机模型最具价值的工程应用在于,它可以外推到具有新输入值的系统,从而避免因获取真实过程数据而带来的高昂成本。外推需要做出关于偏差的强假设。最简单的假设是新旧系统具有相同的偏差函数

（或分布），此处也采用了该假设。由于此处是从物理的角度来了解系统的，因此偏差被视为倍增而非递增。

为了预测新车型的道路荷载时间轨迹，在65个不确定输入值下运行了计算机模型（其中新车型的设计与前车型足够接近，允许直接使用前车型的有限元表示）。现在，这些数值就是以评估后的新车型标称输入值为中心了。随后，利用这65次计算机模型运行、7个悬架特性的先验分布以及从原车型获得的偏差和阻尼参数的联合后验分布，实施了贝叶斯分析。

图5.5汇总了分析结果。一种预测结果是仅采用计算机模型得出的，另一种则考虑了依据先前实验数据确定的模型偏差得出的。显然，两者之间存在显著差异。最后，让新车驶入测试跑道进行路试，获得实测的道路荷载轨迹，如图5.5中的粗黑带所示。尽管贝叶斯预测结果不完美，但也比仅采用计算机模型得出的预测结果要精确得多。

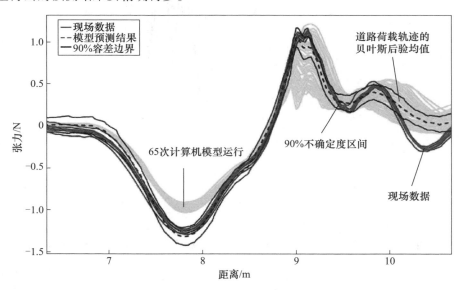

图5.5　分析结果（资料来源：Bayarri等，2007b）（见彩图）

此示例展示了偏差调整预测的成功应用；但是，这种偏差调整并非总能满足要求，原因在于将外推扩展到相关数据范围以外始终颇具难度。如该例中展示的那样，外推取决于以下两个假设：①假设底层模型有效性是连续的；②假设在某些条件下参数值的外推估计为光滑的。但由于外推过程中计算机模型本身用于完成繁重的计算工作，偏差调整的作用较小，一定程度上减弱了对外推的担忧。

更重要的是，贝叶斯方法隐式地包含了分析过程中的所有不确定度，并将其合并到所有关注量后验分布的总体不确定度评估中。这种方法的主要限制是必须进行马尔可夫链蒙特卡罗计算,有时可能会造成大量的计算工作,或者需要开发一个好的仿真器,用于计算机模型中计算难度更大的组件。

5.7　基于多个计算机模型完成的推导

在气候变化等应用中,对于 20 年预测或 100 年预测的不确定度,结构不确定度(由模型和现实之间的偏差引起的不确定度)很有可能占比最大。由于很少具有或根本没有物理观测结果来直接估计模型偏差,因此经常使用许多不同气候模型的预测结果来帮助量化预测不确定度。

一些预测应用已成功将不同模型的预测结果结合起来(例如,Gneiting 和 Raftery,2005)。这些方法在统计建模框架中结合了多个基于模型的预测结果,产生的预测结果准度通常比任何单一模型更高,不确定度估计值也更可靠。虽然本节主要探讨的是关于气候和天气的例子,但这些基本方法已在更广泛的领域中应用。

政府间气候变化专门委员会(Intergovernmental Panel on Climate Change,IPCC)利用集全球各国科研之力开发的多个全球气候计算模型,得出未来气候状态的预测结果,从而对未来不同排放场景下的气候变化进行评估(Meehl 等,2007)。因此产生的气候模型运行的多模型集合(Multimodel Ensemble,MME)主要用于政府间气候变化专门委员会的评估工作。各类研究人员均使用此集合来产生未来气候的预测结果,以及预测不确定度的估计值。在使用这种多模型集合来预测未来气候时,最常用的方法是使用层次建模框架,可将不同模型的输出参数有效地视为实际气候系统的噪声版本(Tebaldi 等,2005;Buser 等,2009;Smith 等,2010)。但研究人员也欣然承认,这种层次建模方法与理想状况相去甚远——模型集合只是一个简化示例,统计建模中通常不会考虑不同计算模型之间的依赖关系。有趣的是,预测不确定度估计值通常随着集合规模的增加而减少。至于是否应当是这样的情况,目前还完全不得而知。有人可能会说,由于我们的气候物理学知识有限,即使可以对无限数量的模型进行抽样,我们仍然无法对未来的气候了如指掌。但是,层次建模方法只是使用多模型集合来估计更现实的预测不确定度的第一步,还需进行相关研究,以建立模型间差异与模型和现实间差异的联系。

在预测应用中,在具有大量重复相关物理观测结果的情况下,多个计算模型的结合已改进了预测结果和预测不确定度。Gneiting 和 Raftery(2005)提出的概率预测(网页:http://probcast. washington. edu/)方法就是一个著名的示例。与许多其他方法一样,概率预测方法使用的是贝叶斯模型平均法(Hoeting 等,1999),将物理观测结果建模为集合中某个模型产生的观测结果,但选择哪个模型是不确定的。结果分析产生预测的后验分布,即单个模型预测结果的加权平均值(以及不确定度)。通常,根据贝叶斯模型平均法得到的预测结果比任何单个预测结果更准确,并且获得的预测不确定度比原集合更好地反映了与观测值相关的预测结果变化。

迄今为止,这种模型平均法在预测方面的成功还未推广到外推程度更高、数据贫乏的设置,例如在气候变化中,由于缺乏大量的相关物理观测结果,无法校准预测结果及其不确定度。在基于层次模型的方法中,使用多模型集合评估预测不确定度,不仅可以处理物理观测量相对缺乏的情况,还可以捕捉不确定性的某些重要来源。这些不确定性来源在单一计算模型下,由于使用较传统的参数变化,可能被遗漏,只有在实践中不常遇到的假设情况下才会变得合理。进行额外研究可能会提高结合多模型集合预测结果的水平,包括改进模型集合构建方法、分析模型间的相互依赖性、评估特定模型及其预测能力的可信度,以及在开发模型比较、选择和平均的鲁棒可靠方法时使用信息论和统计手段。

5.8   利用多重物理观测数据源

在许多应用中,可获得多个物理观测数据源,用于实施确认和预测评估。在工程应用中,数据源可能符合确认层次结构(见 5.9.5 节图 5.7),而在其他应用中,这些不同的数据源可能包含不同的传感模态(如红外、可见光、地震)或不同的数据源(如压力测量结果或井芯)。使用高质量模拟的输出参数来代替物理观测结果也可能是一种合适的方法(例如,使用已解析的纳维—斯托克斯方程来完成湍流的直接数值模拟,可为采用更粗略的雷诺平均纳维—斯托克斯模拟得出的预测结果提供参考)。这样,就可以利用各种物理观测数据源来解决关键问题,如模型校准、模型偏差、预测不确定度和预测质量评估。同时,也可以利用在分析中学到的经验,帮助选择额外的观测结果或设计额外的实验。

对于给定的一系列物理观测数据集,存在一个问题:如何充分利用这些数据源进行确认和预测? 例如,是否应在校准中采用确认层次结构中的低层次实验,将集成度更高的实验转而用于评估模型? 或者是否应同时进行校准和评估? 不同的策略需要不同的方法,这可能会影响预测质量。

多个物理观测数据源为预测结果和包含预测不确定度的评估提供了机会,其中一种方法是确定实验集合或观测数据源,用于评估"替代"预测值的质量。此预测值与关注量预测值存在重要的共性。定义适当替代预测值的特征(如果存在)取决于域空间的特征。候选替代预测值是否同关注量预测值采用类似的物理过程？替代预测值对模型输入参数的敏感性是否与关注量预测值相似？模型偏差函数(如果有)是否充分捕捉了这些预测值的不确定度？是否应将同一个模型偏差函数转移到关注量？究竟如何充分利用多个物理数据源提高预测值的质量和准度，是 VV&UQ 的研究热点。

如果确认工作需要额外实验，确认和预测方法有助于评估额外实验的价值，还可以为新类型实验提供建议，消除评估中的劣势。统计学实验设计的想法(Wu 和 Hamada，2009)具有相关性，但是确认实验的设计涉及额外的复杂度，使其成为了一个开放性的研究课题。计算模型的计算需求是一项复杂因素，正如模型偏差问题的处理过程一样复杂。此外，额外实验的某些关键要求(如提高评估可靠性，或改进与利益相关者或决策者的沟通)也难以进行量化。第 6 章将从更广泛的角度考虑实验规划事业。

5.9　预测工程和计算科学中心案例研究

5.9.1　概述

预测工程和计算科学中心位于得克萨斯大学奥斯汀分校，属于美国能源部国家核安全管理局预测科学学术联盟计划(Predictive Science Academic Alliance Program，PSAAP)的一部分。PECOS 致力于开发 VV&UQ 过程，了解太空舱(例如，美国国家航空航天局(National Aeronautics and Space Administration，NASA)计划的"猎户座"飞船)重返地球大气层的过程，重点研究热防护系统(Thermal Protection System，TPS)性能。当飞行器以马赫数 20 或更高速度(具体取决于轨道)穿越大气层时，热防护系统可保护飞行器免受极端热环境的影响。当前，该中心正在模拟使用烧蚀防热罩的飞行器(如"猎户座"和"阿波罗")，预测烧蚀材料的消耗速率。

在再入飞行器的设计和运行中，热防护系统的消耗是一个关键问题——如果整个防热罩被消耗掉，飞行器将会烧毁。热防护系统的消耗取决于一系列物理现象，包括高速湍流、高温空气热力化学、辐射加热和复杂材料(烧蚀材料)的响应。因此，对再入飞行器进行数值模拟，要求对这些现象进行建模。

再入飞行器的模拟与许多其他高后果的计算科学应用有很多共同的复杂特征，包括：

(1)在预测条件下，关注量无法直接测量。

(2)预测涉及多个相互作用的物理模型。

（3）用于校准和确认模型的实验数据,包括重要的不确定度,很少并且难以获得。通常实验数据描绘的物理条件与预测无直接关联。

（4）已知某些物理现象的最佳模型存在相当大的误差。

这些特征极大地增加了预测可靠性评估和 VV&UQ 方法应用的难度。

5.9.2　验证

如上所述,计算机模拟的验证过程分为两部分:①确保模拟中使用的计算机代码正确实现模型的预期数值离散(代码验证);②确保数值离散引入的误差足够小(解验证)。

5.9.3　代码验证

确保数学模型在计算机代码中得到正确实现涉及诸多方面,其中大部分都指向良好的软件工程实践,例如详尽的模型开发和用户文档、现代软件设计、配置控制、连续单元和回归测试。这些过程通常被视为重要过程,但很少被实践,是预测工程和计算科学软件环境中不可或缺的一部分。

为了确保实现过程确实能够产生正确解,需将结果与已知解(最好是解析解)进行比较。遗憾的是,我们通常无法获得解析解,因此需要采用人造解方法(Method of Manufactured Solutions,MMS),将源项添加到方程中,确保预先设定的"解"是精确的(Steinberg 和 Roache,1985；Roache,1998；Knupp 和 Salari,2003；Long 等,2010；Oberkampf 和 Roy,2010)。虽然人造解方法得到了广泛认可,但并不常用。其中一个原因是对于复杂问题,它的实现过程远比看起来要困难得多。首先,即使是中等复杂度的系统(如三维可压缩纳维—斯托克斯)也可能存在数百个源项,并且还需以高可靠性对这些源项进行评价。因此解析解的构建本身就是软件工程与可靠性方面的问题。其次,将源项引入被测代码时,应尽可能减少代码的修改量(最好不要修改),以确保测试与即将使用的代码具有相关性。遗憾的是,如果被测代码并非针对引入的源项而设计,那么则无法引入源项。最后,人造解需与使用代码解决的问题具有相似的特性。这一点非常重要,可确保错误不会因为过于简单的人造解所掩盖。

为了使人造解方法适用于再入飞行器代码的验证,PECOS 开发了高度可靠的、用于实现人造解(人造解析解提取(Manufactured Analytic Solution Abstraction,MASA))的软件库,以及使用符号运算软件(如 Maple)的人造解库。这些人造解已导入 MASA 中,而且 MASA 及相关解已公开发布。[①] 此外,PECOS 中心

---

① 参见 https://red.ices.utexas.edu/projects/software/wiki/MASA。检索时间:2012 年 3 月 19 日。

的软件开发过程包括开发前验证计划(通常涉及人造解方法)的制定和记录,确保代码的设计适用于人造解方法。在暴露出预测工程和计算科学软件中一些微小却重要的错误后,这一系列工作便取得了相应成果。在图 5.6 的示例中,通过网格加密,将 Spalart – Allmaras 湍流模型[①]方程收敛为人造解。最初测试中,在均匀网格加密下,解误差并未收敛到零,导致在 Spalart – Allmaras 方程实现过程中发现了一个错误。修复此错误后,误差确实随网格加密而减少了,但没有达到理论上的预期速率 h^2,这是因为,在实施模型的 LibMesh 有限元基础体系中,用流线迎风/Petrov – Galerkin(Streamline – Upwind/Petrov – Galerkin)法在稳定化处理过程中长期存在错误。

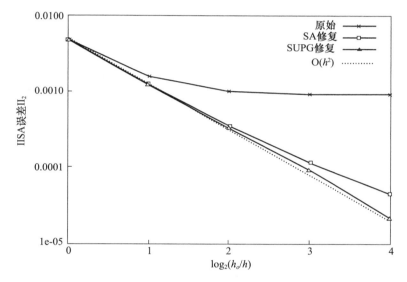

图 5.6　在均匀网格加密下,Spalart – Allmaras 湍流模型人造解中 L_2 误差对网格尺寸的依赖性。图中所示为原始试验、修复 Spalart – Allmaras 方程中错误后的试验、修复流线迎风/Petrov Galerkin(Streamline – Upwind/Petrov – Galerkin,SUPG)正则化中错误后的试验。理论收敛为二阶收敛

5.9.4　解验证

解验证过程需要面对的问题是模型方程组的数值解是否"足够接近"精确解。尽管在一般情况下,通过离散化网格加密法可任意改变离散化误差,但是将

---

① 关于此模型的定义和详细信息,参见 http://turbmodels. larc. nasa. gov/spalart. html。检索时间:2012 年 3 月 24 日。

这些误差近似到舍入误差水平既不实际也无必要。因此,我们必须设定"足够接近"这一标准。一般来说,模型用于预测某些输出关注量,而我们要确保这些关注量都在模型精确解的一定容差范围内。

可接受的数值误差范围取决于具体情况。由于分析师可以对数值离散误差进行控制,因此 PECOS 认为,与其他不确定性来源相比,只要离散误差足够小,这种误差便可忽略不计,也就无需针对其引起的不确定度进行建模。重要的是确定正在进行预测的关注量,因为预测某些量(如高阶导数)的数值离散要求比其他量要严苛得多。

因此,解验证要求对关注量中的离散误差进行估计。常见做法是比较两个网格上的解,来确定解差异,但这种做法显然是不够的。在简单情况下,可以对离散进行均匀加密(例如,各处网格间距的一半),然后应用 Richardson 外推法产生误差估计值。一种更通用的方法是基于伴随解的后验误差估计(Bangerth 和 Rannacher,2003)。PECOS 也采用了此方法。获得关注量误差估计值后,有必要对离散进行加密,以减少这种误差。基于伴随解的误差估计程序还包括一项指标,即指出离散误差在空间和时间上对关注量误差影响最大的地方。目标导向自适应性(Bangerth 和 Rannacher,2003;Oden 和 Prudhomme,1998;Prudhomme 和 Oden,1999;Strouboules 等,2000)就使用了此种伴随信息,以推进离散的自适应加密。

PECOS 已开发出用于预测烧蚀材料消耗速率(关注量)的模拟代码,以执行基于伴随解的误差估计和目标导向网格加密。例如,在 LibMesh 基础体系上建立一个高超声速流代码(FIN - S),用于支持目标导向的加密(Kirk 等,2006)。可凭借自适应性将关注量误差估计值降低到规定容差以下,从而完成解验证。

5.9.5 确认

对于预测模拟来说,数据和数据不确定度的相关模型至关重要。物理模型和不充分性模型的校准和确认都离不开它们。在 PECOS,校准、确认和预测三者密切相关、相互依赖,是计算建模中不确定度量化的核心。

确认过程需在关注量背景下进行,从而催生了许多复杂情况。首先,注意到在大多数情况下,无法观测到预测场景中的关注量。如能观测到,一般就无需进行预测了。无法观测关注量的原因有很多,比如法律或道德约束、缺少仪器、实验室设施再现预测情景的限制、成本或者预测与未来相关等。PECOS 将再入飞行器在特定轨道峰值加热情况下烧蚀防热罩的消耗速率视为关注量。此关注量无法通过实验进行观测,因为实验室条件不允许,而飞行测试成本又很高,对每个关注轨道进行测试是不切实际的。

当然,将观测结果同模型的某些可观测输出进行比较,就需要实施确认测试。核心挑战在于,确定观测结果和模型之间的不匹配以及相关的预测不确定度,对于未观测关注量的预测来说有什么影响。由于无法观测到关注量,只能采用模型来获取相关数据,所以只能在模型背景下进行评估。

如果被建模的系统由多个部分组成或者包含多个相互作用的物理现象,便会出现另一种复杂情况。在此情况下,确认过程通常采用层次结构,通过相对简单(低成本)的实验来完成子组件模型或单个物理现象模型的确认测试。例如,在 PECOS 研究的再入飞行器问题中,单个物理现象包括空气化学、湍流、热辐射、表面化学和烧蚀材料响应。

随后,通过更复杂、更单一的多个物理量实验,对子组件或物理现象的组合进行测试。最后,在最佳情况下,获取整个系统的一些实验观测结果,以完成整个模型的确认测试。可将层次确认过程想象为确认金字塔,如图 5.7 所示。

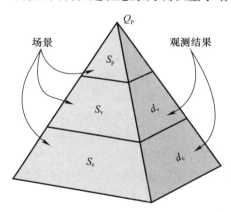

图 5.7 预测金字塔——复杂多重物理量模型的场景(S_c、S_v 和 S_p)复杂度越高,校准和确认数据(d_c 和 d_v)就越少,预测关注量(Q_p)位于金字塔的最顶端

多重物理量确认过程的层次性带来了进一步的挑战。关注量通常只能通过整个系统的模型来获得,因此单一物理量模型无法获取关注量,难以在知晓关注量的前提下实施确认。一般来说,对于单一物理量模型,会设计替代关注量,且替代关注量尽可能与整个系统的关注量密切相关。例如,在 PECOS 进行的再入飞行器模拟中,对于边界层湍流模型的确认过程,将湍流壁热通量确定为替代关注量,这是因为湍流壁热通量与烧蚀速率直接相关,也是烧蚀速率的驱动因素。在金字塔的更高层次实施多重物理量确认测试之所以重要,是因为其测试的对象通常是单一物理量模型之间耦合而成的模型。但事实上,这些更高层次的数据一般比较稀缺,这就意味着耦合模型并未像更简单的模型一样经过严格测试,

进而会对最终预测的整体质量构成影响。

5.10 罕见高后果事件

大尺度计算模型在评估和减轻罕见高后果事件中发挥着一定作用。根据定义,此类事件的发生频次极低,几乎无法获得相关测量数据。因此,导致外推预测复杂化的问题通常出现在涉及罕见事件的预测中。尽管如此,在美国核能管理委员会的核反应堆安全评估(Mosleh 等,1998)以及美国能源部的地下污染物输运设施安全风险评估(Neuman 和 Wierenga,2003)中,计算模型仍然发挥着关键作用。计算模型也有助于描述潜在自然灾害的成因和后果,如地震、海啸、强风暴、雪崩、火灾,甚至是流星撞击。工程系统(如桥梁、建筑物)在极端条件下的行为,或者仅仅因老化和正常磨损导致的行为,也可能属于此类罕见高后果事件。

在许多情况下,例如在核反应堆安全的概率风险评估(Kumamoto 和 Henley,1996)中,采用计算模型评估确定场景的后果,帮助量化风险——事件发生机会及其后果的乘积。这对大型流星撞击风险评估也同样适用,在撞击风险评估中,计算机模型可以模拟不同条件下撞击的后果(Furnish 等,1995)。虽然难以评估这种外推预测的可信度,但可将预测结果纳入更大的风险分析中,以确定致危因素的优先级。在此类分析中,只针对优先级最高的致危因素进一步检查模型结果,可能是一种更有效的资源利用方式。

计算模型也可以用于确定引起极端高后果事件的初始条件、强迫条件,甚至参数设置的组合。发现此类事件后,应评估其发生概率。虽然第 3 章和第 4 章中论述的诸多方法都与此处所述评估相关,但这项任务的重点是发现异常行为,而非推导与测量结果相匹配的设置。这可能涉及研究如何"延伸"物理系统,使其产生前所未见的极端行为,极端行为也许是由不同过程之间的相互作用所引起的。这就与设计或操纵相反,系统的设计或操纵是为了确保各过程之间的相互作用最小化。计算这种极端行为可能会使模型不堪重负,令其再现真实情况的能力受到质疑。目前,评估和提高这种模型预测结果可信度的方法都用于外推预测,依然面临着诸多挑战,大部分还有待进一步研究。

高后果事件一经确定,计算模型便成为了一种可行的工具,用于评估事件发生概率。高后果事件少有发生,如使用蒙特卡罗模拟等标准方法,则需要多次运行模型来估计这些小概率,因此这类标准方法不具有可行性。目前,这一领域已发展成多个研究方向。Oakley 和 O'Hagan(2004)结合仿真和重要性抽样来评估基础设施管理中的小概率。Picard(2005)对基于粒子的代码进行偏置,以产生更多的极端事件,并在产生估计值时对这种偏置进行统计调整。除了响应面方法之外,还可以使用高保真度与低保真度模型的组合来搜寻和估计罕见事件的发生概率。另一种可能的高保真度策略是使用低保真度模型,将有前景的边界条件并入高保真度的定域模型(Sain 等,2011)。另一个有广阔前景的研究方向是在标准统计方法中嵌入计算模型。例如,Cooley(2009)将计算机模型输出和统计中的极值理论相结合,以估计极端降雨事件的频率。Bayarri 等(2009b)利用计算机模型来确定极端火山碎屑流的输入空间中的灾难性区域,并利用输入分布的统计建模来计算极端事件概率。

更好地理解复杂动力系统有助于寻找极端事件或系统动力学发生重要变化的前兆(Scheffer 等,2009)。即使已知计算模型在表示这些复杂系统时存在缺陷,计算模型也可能在上述寻找过程中发挥一定作用。当前,我们正在利用计算模型协助实施监测工作,为地下水污染和恐怖袭击等各类事件提供预警。

最后,边界和"最坏情况"方法(如果不太保守的话)都可以提供罕见高后果事件的相关实用信息。Lucas 等(2009)在近期工作中采用了测度集中不等式来限定极端结果的概率,而无需规定输入参数不确定度的完整分布。此外,更传统的决策论方法例如,最小最大决策规则(Berger,1985)最坏情况先验(Evans 和 Stark,2002)也可能有助于处理罕见高后果事件。我们可以设想,将这些方法嵌入计算模型中,对于反应系数、渗透率场、边界条件,甚至是计算模型中物理过程的表示方式,都采用极端情况值。

5.11 结 论

本章从数学基础的角度探讨了有助于确认和预测的诸多任务,指出了潜力巨大、产出丰硕的研究领域。如上所述,这些任务的细节主要取决于具体应用的特征——计算模型的成熟度、质量和速度;可用物理观测结果;物理观测结果与关注量之间的关系。本章还描述了在数学和统计框架内嵌入计算模型这一概念。该框架能够解释并模拟相关不确定度,包括由初始和边界条件、输入参数和模型偏差引起的不确定度。

一些应用涉及在大量物理观测结果存在的设置条件下进行预测和不确定度估计。即使设置条件的外推程度不高,估计值的获取及其可靠性的评估仍然有待进一步研究。美国国家研究理事会(2007)在环境监管决策模型的使用报告中指出,"在模型结果评估条件范围外对模型结果进行外推时,需要强有力的理论依据,明确地表示新条件下将对结果产生最大影响的过程,并指出可能的最佳参数估计"。针对外推预测,我们提出了下述研究结果和建议。

研究结果：在未经测试的新设置中，仅考虑数学因素无法解决模型预测的适应性问题。在量化预测不确定度并评估其可靠性时，需要同时做出统计推理和专业论证。

研究结果：应用域的概念有助于传递预测结果（及其不确定度）的值得信任的条件。但是，定义应用域或其边界的数学基础尚未建立。

研究结果：在未经测试的新条件下（即"外推"），模型预测不确定度评估方法的研发，可能需要数学、统计学、计算建模以及某一具体应用的相关科学与工程领域方面的专业知识。预测不确定度评估的具体需求包括：

（1）利用物理理解、应用特征以及计算模型的已知优势和缺陷来规定和估计模型偏差项的方法。

（2）针对 VV&UQ 开发的计算模型，其中可能包括：能够获取导数信息；模型表示的速度更快、保真度更低（可能存在特定偏差）；或者将存在物理动机的偏差项嵌入模型中，使其产生更可靠的关注量预测不确定度，也能根据可用的物理观测结果进行校准。

（3）有效利用可用实验层次结构的框架——为校准分配实验、评估预测准度、评估预测可靠性、对能够包含在层次结构中的新实验提出建议以提高预测不确定度估计的质量。

（4）预测结果和包含预测不确定度的报告，包括披露考虑和未考虑的不确定度来源、估计值所依赖的假设，以及这些假设的可靠性或质量。

（5）在不同复杂度问题上表现出色的良好 VV&UQ 示例。

美国国家科学基金会（National Science Foundation，NSF）数学物理科学部（Division of Mathematics and Physical Sciences，MPS）得出了类似结论，该部门在2010 年 5 月发布的咨询委员会报告中提供了如下建议：

数学或物理学部应当鼓励相关领域的科学家和数学家就不确定度量化、验证和确认、风险评估和决策等主题进行跨学科互动（美国国家科学基金会，2010）。

以上观点与复杂系统建模密切相关，在复杂系统中，与物理测试条件之间存在的丝毫偏差都可能会在许多方面改变系统特征，其中部分已纳入模型中。

VV&UQ 领域仍处于发展阶段，因此根据特定方法和方式提出任何具体建议还为时过早。但从数学基础的角度来看，可以提供一些关于确认和预测过程的原则和最佳实践途径，如下所示：

（1）原则 1：只有针对指定的关注量以及模型预期用途所需的准度，才能对确认评估予以明确定义。

最佳实践途径：①在确认过程的早期阶段，指定需要处理的关注量和所需准度。

② 根据应用需要,调整预测过程不确定度的评估和估计水平。

(2)原则2:确认评估仅针对评估中物理观测结果"涵盖"的应用域,提供关于模型准度的直接信息。

最佳实践途径:①在量化或界定当前问题关注量的模型误差时,系统性地评估支持数据和确认评估(基于不同问题的数据,通常具有不同的关注量)的相关性。特定领域的专业知识应为相关性评估提供信息(参见上文和第7章)。

② 尽可能使用广泛的物理观测数据源,以便在不同条件下和多级集成中检查模型的准度。

③ 采用"拿出测试"来测试确认和预测方法。在测试中,保留部分确认数据,不用于确认过程,使用预测机器根据量化的不确定度对保留的关注量进行"预测",最后比较预测结果与保留数据。

④ 如果确认过程中使用的物理系统没有观测到预期关注量,比较物理观测结果与关注量的敏感性。

⑤ 考虑采用多项指标比较模型输出与物理观测结果。

(3)原则3:通常可以利用计算模型和数学模型的层次结构来提高确认和预测活动的效率和有效性,从最底层开始,按递增的复杂度依次进行评估。

最佳实践途径:①确定计算模型和数学模型中的层次结构,寻找有助于层次确认评估的测量数据,并对层次结构加以充分利用。

② 尽可能使用物理观测结果,尤其是基础层次的观测结果,对模型输入和参数的不确定度加以约束。

(4)原则4:确认和预测过程通常包括模型参数的指定或校准。

最佳实践途径:①明确用于修正或约束模型参数的数据或信息源。

② 在慎重选择的条件下,尽可能广泛地使用观测结果,提高参数估计值和不确定度的可靠性,减少不同模型参数之间的"权衡"。

(5)原则5:必须综合多个来源的不确定度和误差,合计为物理关注量的预测不确定度。这些不确定和误差包括数学模型偏差、计算模型的数值和代码误差,以及模型输入和参数的不确定度。

最佳实践途径:①记录关注量预测值不确定度评估用到的假设,以及任何遗漏的因素。记录每项假设和遗漏的理由。

② 评估关注量预测值及其相关不确定度对各项不确定度来源以及关键假设和遗漏的敏感性。

③ 记录重要判断(包括确认研究与当前问题的相关性),并评估关注量预测值及其相关不确定度对这些判断合理变化的敏感性。

④ 应提供物理关注量预测不确定度的估计方法,以指明降低不确定度的途径。

(6) 原则6:确认评估必须考虑物理观测结果(测量数据)的不确定度和误差。

最佳实践途径:①识别确认数据中所有重要的不确定度和误差来源(包括仪器校准、初始条件中的不可控变化,以及测量设置中的可变性等),并量化各来源的影响。

② 尽可能使用可重复的方法,帮助完成可变性和测量不确定度的估计。

备注:如果"测定"量实际上是附属反问题的产物,即该值并非直接测得,而是根据其他测定量推断得出,则难以评估测量不确定度。

最后,值得指出的是,关于模型评估的统计学文献众多,如果能针对模型确认过程做出相应调整,则可能会有所帮助。模型诊断(Gelman 等,1996;Cook 和 Weisberg,1999)、可视化和图形方法(Cleveland,1984;Anselin,1999)、假设检验和模型选择(Raftery,1996;Bayarri 和 Berger,2000;Robins 等,2000;Lehmann 和 Romano,2005)、交叉确认和拿出测试的使用(Hastie 等,2009)等基本原则在统计模型检验中发挥着核心作用,同样,它们也能在确认和预测过程中发挥重要作用。

5.12　参　考　文　献

[1] Akçelik, V. , G. Biros, A. Draganescu, O. Ghattas, J. Hill, and B. Van Bloeman Waanders. 2005. Dynamic Data – Driven Inversion for Terascale Simulations: Real – Time Identification of Airborne Contaminants, in Proceedings of SC2005.

[2] AIAA (American Institute for Aeronautics and Astronautics). 1998. Guide for the Verification and Validation of Computational Fluid Dynamics Simulations. Reston, Va. : AIAA.

[3] Anselin, L. , 1999. Interactive Techniques and Exploratory Spatial Data Analysis. Geographical Information Systems: Principles, Techniques, Management and Applications 1: 251 – 264.

[4] Badri Narayanan, V. A. , and N. Zabaras. 2004. Stochastic Inverse Heat Conduction Using a Spectral Approach. International Journal for Numerical Methods Engineering 60: 1569 – 1593.

[5] Bangerth, W. , and R. Rannacher. 2003. Adaptive Finite Element Methods for Differential Equations. Basil, Switzerland: Birkhauser Verlag. Bayarri, M. J. , and J. O. Berger. 2000. P Values for Composite Null Models. Journal of the American Statistical Association 95(452): 1269 – 1276.

[6] Bayarri, M. J. , J. O. Berger, M. C. Kennedy, A. Kottas, R. Paulo, J. Sacks, J. A. Cafeo, C. H. Lin, and J. Tu.

2005. Bayesian Validation of a Computer Model for Vehicle Crashworthiness. Technical Report 163. Research Triangle Park, N. C: National Institute of Statistical Sciences.

[7] Bayarri, M. J. , J. Berger, R. Paulo, J. Sacks, J. Cafeo, J. Cavendish, C. Lin, and J. Tu. 2007a. A Framework for Validation of Computer Models. Technometrics 49:138 – 154.

[8] Bayarri, M. J. , J. Berger, G. Garcia – Donato, F. Liu, J. Palomo, R. Paulo, J. Sacks, D. Walsh, J. Cafeo, and R. Parthasarathy. 2007b. Computer Model Validation with Functional Output. Annals of Statistics 35: 1874 – 1906.

[9] Bayarri, M. J. , J. O. Berger, M. C. Kennedy, A. Kottas, R. Paulo, J. Sacks, J. A. Cafeo, C. H. Lin, and J. Tu. 2009a. Predicting Vehicle Crashworthiness: Validation of Computer Models for Functional and Hierarchical Data. Journal of the American Statistical Association 104:929 – 943.

[10] Bayarri, M. J. , J. O. Berger, E. S. Calder, K. Dalbey, S. Lunagomez, A. K. Patra, E. B. Pitman, E. T. Spiller, and R. L. Wolpert. 2009b. Using Statistical and Computer Models to Quantify Volcanic Hazards. Technometrics 5:402 – 413.

[11] Berger, J. O. 1985. Statistical Decision Theory and Bayesian Analysis. New York: Springer.

[12] Berger, J. L. , and R. L. Wolpert. 1988. The Liklihood Principle. Lecture notes available at http://books. google. com/books? hl = en&lr = &id = 7fz8JGLmWbgC&oi = fnd&pg = PA1&dq = berger + and + wolpert + the + likelihood + principle&ots = iTkq2Ekz_Z&sig = qKnLby2avTKEP_unAWSJ_BUI#v = onepage&q = berger% 20and% 20wolpert% 20the% 20likelihood% 20principle&f = false. Accessed March 20, 2012.

[13] Besag, J. , P. J. Green, D. M. Higdon, and K. Mengerson. 1995. Bayesian Computation and Stochastic Systems. Statistical Science 10:3 – 66.

[14] Box, G. , and N. Draper. 1987. Empirical Model Building and Response Surfaces. New York: Wiley.

[15] Box, G. E. P. , J. S. Hunter, and W. G. Hunter. 2005. Statistics for Experimenters: Design Innovation, and Discovery, Volume 2. New York: Wiley Online Library.

[16] Brooks, H. E. , and C. A. Doswell III. 1996. A Comparison of Measures – Oriented and Distributions – Oriented Approaches to Forecast Verification. Weather Forecasting 11:288 – 303.

[17] Buser, C. M. , H. R. Kunsch, D. Luth, M. Wild, and C. Schar. 2009. Bayesian Multi – Model Projection of Climate: Bias Assumptions and Interannual Variability. Climate Dynamics 33(6):849 – 868.

[18] Christen, J. A. , and C. Fox. 2005. Markov Chain Monte Carlo Using an Approximation. Journal of Computational and Graphical Statistics 14(4):795 – 810.

[19] Cleveland, W. S. 1984. Elements of Graphing Data. Belmont, Calif. : Wadsworth.

[20] Cook, R. D. , and S. Weisberg. 1999. Applied Regression Including Computing and Graphics. New York: Wiley Online Library.

[21] Cooley, D. 2009. Extreme Value Analysis and the Study of Climate Change. Climatic Change 97(1):77 – 83.

[22] Dubois, D. , H. Prade, and E. F. Harding. 1988. Possibility Theory: An Approach to Computerized Processing of Uncertainty. New York: Plenum Press.

[23] Easterling, R. G. 2001. Measuring the Predictive Capability of Computational Models: Principles and Methods, Issues and Illustrations. SAND2001 – 0243. Albuquerque, N. Mex. : Sandia National Laboratories.

[24] Efendiev, Y. , A. Datta – Gupta, X. Ma, and B. Mallick. 2009. Efficient Sampling Techniques for Uncertainty Quantification. In History Matching Using Nonlinear Error Models and Ensemble Level Upscaling Techniques. Washington, D. C. : Water Resources Research and American Geophysical Union.

[25] Evans,S. N. ,and P. B. Stark. 2002. Inverse Problems as Statistics. Inverse Problems 18:R55.

[26] Evensen,G. 2009. Data Assimilation:The Ensemble Kalman Filter. New York:Springer Verlag.

[27] Ferson,S. ,V. Kreinovich,L. Ginzburg,D. S. Myers,and K. Sentz. 2003. Constructing Probability Boxes and Dempster − Shafer Structures. Albuquerque,N. M. :Sandia National Laboratories.

[28] Flath,H. P. ,L. C. Filcox,V. Akçelik,J. Hill,B. Van Bloeman Waanders,and O. Glattas. 2011. Fast Algorithms for Bayesian Uncertainty Quantification in Large − Scale Linear Inverse Problems Based on Low − Rank Partial Hessian Approximations. SIAM Journal on Scientific Computing 33(1):407 − 432.

[29] Fuentes,M. ,and A. E. Raftery. 2004. Model Validation and Spatial Interpolation by Combining Observations with Outputs from Numerical Models via Bayesian Melding. Journal of the American Statistical Association, Biometrics 6:36 − 45.

[30] Furnish,M. D. ,M. B Boslough,and G. T. Gray. 1995. Dynamical Properties Measurements for Asteroid, Comet and Meteorite Material Applicable to Impact Modeling and Mitigation Calculations. International Journal of Impact Engineering 17(3):53 − 59.

[31] Galbally,D. K. ,K. Fidkowski,K. Willcox,and O. Ghattas. 2010. Nonlinear Model Reduction for Uncertainty Quantification in Large − Scale Inverse Problems. International Journal for Numerical Methods in Engineering 81:1581 − 1608.

[32] Gelfand,A. E. ,and S. K. Ghosh. 1998. Model Choice:A Minimum Posterior Predictive Loss Approach. Biometrica 85(1):1 − 11.

[33] Gelman,A. ,X. L. Meng,and H. Stern. 1996. Posterior Predictive Assessment of Model Fitness via Realized Discrepancies. Statistica Sinica 6:733 − 769.

[34] Ghanem,R. ,and A. Doostan. 2006. On the Construction and Analysis of Stochastic Predictive Models:Characterization and Propagation of the Errors Associated with Limited Data. Journal of Computational Physics 217(1):63 − 81.

[35] Gneiting,T. ,and A. E. Raftery. 2005. Weather Forecasting with Ensemble Methods. Science 310(5746): 248 − 249.

[36] Goldstein,M. ,and J. C. Rougier. 2004. Probabilistic Formulations for Transferring Inferences from Mathematical Models to Physical Systems. SIAM Journal on Scientific Computing 26(2):467 − 487.

[37] Hastie,T. ,R. Tibshirani,and J. H. Friedman. 2009. The Elements of Statistical Learning:Data Mining,Inference,and Prediction. New York:Springer.

[38] Higdon,D. ,M. Kennedy,J. C. Cavendish,J. A. Cafeo,and R. D. Ryne. 2005. Combining Field Data and Computer Simulations for Calibration and Prediction. SIAM Journal on Scientific Computing 26 (2): 448 − 466.

[39] Higdon,D. ,J. Gattiker,B. Williams,and M. Rightley. 2008. Computer Model Calibration Using High − Dimensional Output. Journal of the American Statistical Association 103(482):570 − 583.

[40] Hills,R. ,and T. Trucano. 2002. Statistical Validation of Engineering and Scientific Models:A Maximum Likelihood Based Metric. SAND2001 − 1789. Albuequerque,N. Mex. :Sandia National Laboratories.

[41] Hills,R. G. ,K. J. Dowding,and L. Swiler. 2008. Thermal Challenge Problem:Summary. Computer Methods in Applied Mechanics and Engineering 197:2490 − 2495.

[42] Hoeting,J. A. ,D. Madilgan,A. E. Raftery,and C. T. Volinsky. 1999. Bayesian Model Averaging:A Tutorial. Statistical Science 15:382 − 401. Kaipio,J. P. ,and E. Somersalo. 2005. Statistical and Computational In-

98

verse Problems. New York: Springer.

[43] Kaipio, J. P. , V. Kolehmainen, I. Somersalo, and M. Vauhkonen. 2000. Statistical Inversion and Monte Carlo Sampling Methods in Electrical Impedance Tomography. Inverse Problems 16:1487.

[44] Kennedy, M. C. , and A. O' Hagan. 2001. Bayesian Calibration of Computer Models. Journal of the Royal Statistical Society: Series B (Statistical Methodology) 63:425 – 464.

[45] Kersting, A. B. , D. W. Efurd, D. L. Finnegan, D. J. Rokop, D. K. Smith, and J. L. Thompson. 1999. Migration of Plutonium in Ground Water at the Nevada Test Site. Nature 397(6714):56 – 59.

[46] Kirk, B. , J. Peterson, R. Stogner, and G. Carey. 2006. A C + + Library for Parallel Adaptive Mesh Refinement/Coarsening Simulations. Engineering with Computers 22(3 – 4):237 – 254.

[47] Klein, R. , S. Doebling, F. Graziani, M. Pilch, and T. Trucano. 2006. ASC Predictive Science Academic Alliance Program Verification and Validation Whitepaper. UCRL – TR – 220711. Livermore, Calif. : Lawrence Livermore National Laboratory.

[48] Klir, G. J. , and B. Yuan. 1995. Fuzzy Sets and Fuzzy Logic. Upper Saddle River, N. J. : Prentice Hall.

[49] Knupp, P. , and K. Salari. 2003. Verification of Computer Codes in Computational Science and Engineering. Boca Raton, Fla. : Chapman and Hall/CRC.

[50] Knutti, R. , R. Furer, C. Tebaldi, J. Cermak, and G. A. Mehl. 2010. Challenges in Combining Projections in Multiple Climate Models. Journal of Climate 23(10):2739 – 2758.

[51] Kumamoto, H. , and E. J. Henley. 1996. Probabalistic Risk Assessment and Management for Engineers and Scientists. New York: IEEE Press. Lehmann, E. L. , and J. P. Romano. 2005. Testing Statistical Hypotheses. New York: Springer.

[52] Lieberman, C. , K. Willcox, and O. Ghattas. 2010. Parameter and State Model Reduction for Large – Scale Statistical Inverse Problems. SIAM Journal on Scientific Computing 32:2523 – 2542.

[53] Loeppky, J. , D. Bingham, and W. J. Welch. 2011. Computer Model Calibration or Tuning in Practice. Technometrics. Submitted for publication. Long, K. , R. Kirty, and B. Van Bloemen Waanders. 2010. Unified Embedded Parallel Finite Element Computations via Software – Based Frechet Differentiation. SIAM Journal on Scientific Computing 32(6):3323 – 3351.

[54] Lorenc, A. C. 2003. The Potential of the Ensemble Kalman Filter for NWP—A Comparison with 4D – Var. Quarterly Journal of the Royal Meteorological Society 129:3183 – 3203.

[55] Lucas, L. J. , H. Owhadi, and M. Ortiz. 2009. Rigorous Verification, Validation, Uncertainty Quantification and Certification Through Concentration – of – Measure Inequalities. Computer Methods in Applied Mechanics and Engineering 57(51 – 52):4591 – 4609.

[56] Marzouk, Y. M. , and H. N. Najm. 2009. Dimensionality Reduction and Polynomial Chaos Acceleration of Bayesian Inference in Inverse Problems. Journal of Computational Physics 228:1862 – 1902.

[57] Meehl, G. A. , C. Covey, T. Delworth, M. Latif, B. McAvaney, J. F. B. Mitchell, B. Stouffer, and K. E. Taylor. 2007. The WCRP CMIP3 Multimodel Dataset. Bulletin of the American Meteorological Society 88:1388 – 1394.

[58] Mosleh, A. , D. M. Rasmuson, F. M. Marshall, and U. S. Nuclear Regulatory Commission. 1998. Guidelines on Modeling Common – Cause Failures in Probabilistic Risk Assessment. Washington, D. C. : Safety Programs Division, Office for Analysis and Evaluation of Operational Data, U. S. Nuclear Regulatory Commission.

[59] Naevdal, G. , L. Johnsen, S. Aanonsen, and D. E. Vefring. 2005. Reservoir Monitoring and Continuous Model Updating Using Ensemble Kalman Filter. Society of Petroleum Engineers Journal 10 (1) :66 – 74.

[60] NRC (National Research Council). 2007. Models in Environmental Regulatory Decision Making, Washington, D. C. :National Academies Press.

[61] NSF (National Science Foundation). 2010. Minutes of the Advisory Committee Meeting. April 1 – 2, 2010. Available at http://www. nsf. gov/ attachments /117978/public/MPSAC_April_1 – 2_2010_Minutes_ Final. pdf. Accessed March 20 ,2012.

[62] Neuman, S. P. and J. W. Wierenga. 2003. A Comprehensive Strategy of Hydrogeologic Modeling and Uncertainty Analysis for Nuclear Facilities and Sites. Washington, D. C. : U. S. Nuclear Regulatory Commission.

[63] Oakley, J. E. , and A. O' Hagan. 2004. Probabilistic Sensitivity Analysis of Complex Models: A Bayesian Approach. Journal of the Royal Statistical Society: Series B (Statistical Methodology) 66 (3) :751 – 769.

[64] Oberkampf, W. L. , and C. Roy. 2010. Verification and Validation in Scientific Computing. Cambridge, U. K. : Cambridge University Press.

[65] Oberkampf, W. L. , and T. G. Trucano. 2000. Validation Methodology in Computational Fluid Dynamics. American Institute of Aeronautics and Astronautics, AIAA 200 – 2549, Fluids 2000 Conference, Denver, Colo.

[66] Oberkampf, W. L. , T. G. Trucano, and C. Hirsch. 2004. Verification, Validation, and Predictive Capability in Computational Engineering and Physics. Applied Mechanical Reviews 57 :345.

[67] Oden, J. T. , and S. Prudhomme. 1998. A Technique for A Posteriori Error Estimation of h – p Approximations of the Stokes Equations. Advances in Adaptive Computational Methods in Mechanics 47 :43 – 63.

[68] Oliver, D. S. , B. C. Luciane, and A. C. Reynolds. 1997. Markov Chain Monte Carlo Methods for Conditioning a Permeability Field to Pressure Data. Mathematical Geology 29 :61 – 91.

[69] Picard, R. R. 2005. Importance Sampling for Simulation of Markovian Physical Processes. Technometrics 47 (2) :202 – 211.

[70] Prudhomme, S. , and J. T. Oden. 1999. On Goal – Oriented Error Estimation for Elliptic Problems: Application to Pointwise Errors. Computation Methods in Applied Mechanics and Engineering 176 :313 – 331.

[71] Rabinovich, S. 1995. Measurement Errors, Theory and Practice. New York: The American Institute of Physics.

[72] Raftery, A. E. 1996. Hypothesis Testing and Model Selection via Posterior Simulation. Pp. 163 – 168 in Practical Markov Chain Monte Carlo. London, U. K. : Chapman and Hall.

[73] Roache, P. 1998. Verification and Validation in Computational Science and Engineering. Socorro, N. Mex. : Hermosa Publishers.

[74] Robins, J. M. , A. van der Vaart, and V. Ventura. 2000. Asymptotic Distribution of P Values in Composite Null Models. Journal of the American Statistical Association 95 (452) :1143 – 1156.

[75] Rougier, J. , M. Goldstein, and L. House. 2010. Assessing Model Discrepancy Using a Multi – Model Ensemble. University of Bristol Statistics Department Technical Report #08 :17. Bristol, U. K. : University of Bristol.

[76] Sain, S. R. , R. Furrer, and N. Cressie. 2011. A Spatial Analysis of Multivariate Output from Regional Climate Models. Annals of Applied Statistics 5 (1) :150 – 175.

[77] Scheffer, M. , J. Bascompte, W. A. Brock, V. Brovkin, S. R. Carpenter, V. Dakos, H. Held, H. E. H. Van Nes, M. Rietkerk, and G. Sugihara. 2009. Early – Warning Signals for Critical Transitions. Nature 461 (7260) : 53 – 59.

[78] Shafer, G. 1976. A Mathematical Theory of Evidence. Princeton, N. J. : Princeton University Press.

[79] Smith, R. L. , C. Tebaldi, D. Nychka, and L. O. Mearns. 2010. Bayesian Modeling of Uncertainty in Ensembles of Climate Models. Journal of the American Statistical Association 104(485):97 − 116.

[80] Steinberg, S. , and P. Roache. 1985. Symbolic Manipulation and Computational Fluid Dynamics. Journal of Computational Physics 57 (2): 251 − 284. Strouboules, F. , I. Babuska, D. K. Dalta, K. Copps, and S. K. Gangarai. 2000. A Posteriori Estimation and Adaptive Control of the Error in the Quantity of Interest. Part 1 : A Posterioric Estimations of the Error in the Von Mises Stress and the Stress Intensity Factor. Computational Methods in Applied Mechanics and Engineering 181 : 261 − 294.

[81] Tarantola, A. 2005. Inverse Problem Theory and Methods for Model Parameter Estimation. Philadelphia, Pa. : SIAM.

[82] Tebaldi, C. , and R. Knutti. 2007. The Use of the Multi − Model Ensemble in Probabilistic Climate Projections. Philosophical Transactions of the Royal Society, Series A 365 : 2053 − 2075.

[83] Tebaldi, C. , R. L. Smith, D. Nychka, and L. O. Mearns. 2005. Quantifying Uncertainty in Projections of Regional Climate : A Bayesian Approach to the Analysis of Multimodel Ensembles. Journal of Climate 18 : 1524 − 1540.

[84] Thornton, J. 2011. No Testing Allowed : Nuclear Stockpile Stewardship Is a Simulation Challenge. Mechanical Engineering − CIME 133(5) : 38 − 41.

[85] Tonkin, M. , and J. Doherty. 2009. Calibration − Constrained Monte Carlo Analysis of Highly Parameterized Models Using Subspace Techniques. Water Resources Research 45(12) : w00b10.

[86] Wan, E. A. , and R. Van Der Merwe. 2000. The Unscented Kalman Filter for Nonlinear Estimation. Pp. 153 − 158 in Adaptive Systems for Signal Processing, Communications, and Control Symposium 2000. AS − SPCC/ IEEE, Lake Louise, Alta. , Canada.

[87] Wang, S. , W. Chen, and K. L. Tsui. 2009. Bayesian Validation of Computer Models. Technometrics 51(4) : 439 − 451.

[88] Welch, G. , and G. Bishop. 1995. An Introduction to the Kalman Filter. Technical Report 95 − 041. Chapel Hill : University of North Carolina.

[89] Wu, C. F. J. , and M. Hamada. 2009. Experiments : Planning, Analysis, and Optimization. New York : Wiley.

[90] Youden, W. J. 1961. Uncertainties in Calibration. Precision Measurement and Calibration : Statistical Concepts and Procedures 1 : 63.

[91] Youden, W. J. 1972. Enduring Values. Technometrics 14(1)1 − 15.

第6章 决　　策

6.1　概　要

验证、确认和不确定度量化活动的最终目的是帮助决策者就预期应用做出明智的决定。因此，VV&UQ 活动被纳入了更广范围的决策支持工具，其中涵盖了建模、模拟和实验。VV&UQ 的作用既可简单，也可复杂。对于简单而言，它可为特定的风险度量划定不确定度区间或提供最坏情况分析；对于复杂而言，它可使用更严格的方法（如设计确认实验或其他需要在不确定度下进行优化的应用）比较各种方案。

本章讨论了在 VV&UQ 活动中必须做出的决策，并展示了两个例子，用以阐述 VV&UQ 活动如何改进针对预期应用做出的最终决策。将模型和模拟纳入一个完整的决策系统，是一个深奥而复杂的问题。美国国家研究理事会《环境监管决策模型》报告（NRC,2007）对这一广泛的课题展开了富有成效的讨论，但该课题不属于本书的探讨范围。本书讨论的决策类型可以分为两大类：第一类是在 VV&UQ 活动本身的规划和实施过程中产生的决策；第二类是利用现有应用的相关 VV&UQ 结果而做出的决策。6.4 节和 6.5 节将对 VV&UQ 应用的详细示例进行探讨。

6.2　VV&UQ 活动中的决策

从根本上讲，VV&UQ 活动的性质取决于如何将结果应用到最终的应用决策中。例如，对于获取风险度量指标的保守区间和获取综合不确定度量化分析而言，两者的研究工作大不相同。后者是为降低随时间变化的不确定度而制定策略。

研究结果：重要的是，在 VV&UQ 活动开始之前，VV&UQ 决策者和实践者就应针对如何使用 VV&UQ 分析结果进行讨论，并就此达成一致。

正如整篇报告所述，VV&UQ 涉及大量活动，而每项活动都需要做出诸多决策。例如，验证研究涉及的是数值算法的实现，主要包括资源的选择、将各种资源分配到不同类型的算法测试中（简化物理学的解析解法、人造解法等）。同样,软件质量保证则是针对不同类型和范围的软件测试、覆盖率分析等做出一系列决策。确认研究还涉及许多活动,从输入空间的选择,到实验设计和部署,再到仿真器的选择、输出数据的分析等。另外,在每一项活动中,还要做出许多重要的选择,而关于如何在这些选择之间进行资源与时间的权衡,又需要做出不少重要决策。

如何才能从一系列选项中确定相对重要的优先事项,不确定度量化研究结果可以为决策者提供帮助。这些选项可以被视为一系列可能实施的权衡,通过权衡实现不确定度管理(不确定度管理交易空间)。这一交易空间的组成部分包括:

(1)物理模型的基本改进。

(2)集成模拟和建模能力的改进。

(3)计算机实验的设计和实施。

(4)相关约束性物理实验的设计和实施。

(5)不确定度预测值容差的系统工程和设计。

通常,前四项活动都被视为 VV&UQ 范围内的决策,但并非只有这四项。最后一项活动通常被认为是在 VV&UQ 研究完成后进行的(6.3节)。所有这些活动都需要资源,包括雇用领域专家、获取计算和实验设施、影响工程设计决策。决策者必须在整个 VV&UQ 过程中分配资源,牢记研究目的。例如,对于提高给定物理模型的保真度和开展相关校准物理实验所带来的投资回报而言,决策者必须在两者之间做出权衡。在研究总体不确定度量化的详细收敛性、模型保真度和完整性期间,计算资源的分配必须贯穿始终。物理实验从各组件相关实验到整体实验中选出。工业环境中,对于建模、模拟器开发和不确定度量化分析的整个过程,制定单一的预算并不罕见——而权衡甚至更为关键。理想情况下,VV&UQ 框架有助于就这些活动的相对影响做出决策,并可用于确定资源分配的优先级。

无论活动实施有多谨慎、效率有多高,在 VV&UQ 过程中,都不得不做出一系列艰难的决策。这些决策必须经得起独立第三方的后续审查。

对 VV&UQ 过程形成适当的文件并保持透明度,将有助于同行进行评审,并为未来的研究提供档案信息。重要的是,对于 VV&UQ 过程中使用的所有相关信息、数据和计算模型(包括代码,视情况而定),同行评审员应获得访问权限。

研究结果:将考虑的假设和不确定度来源纳入 VV&UQ 结果描述中,这一点非常重要。在相关关注量不确定度的评估和量化过程中,用到了 VV&UQ 过程和知识体系。对该过程和知识体系形成适当的文件并保持其透明度,对于全面了解 VV&UQ 分析结果也至关重要。

6.3　基于 VV&UQ 信息的决策

最终,决策者将会面临一系列选择,而每一项选择都各有利弊。在这一框架内,决策者必须根据各种场景的分析和概率做出权衡。例如,环境管理人员必须在清理污染场地的两种补救策略中选择其一。决策者可能会选择监测自然衰减的方案,换句话说,让现场保持原样,但要密切监测,以确保污染不会扩散到高风险地区。或者,决策者还可能选择一种更积极,但也更昂贵的流程来清理场地。方案的选择基于几个底层计算模型,而每个模型都各自存在一系列不确定性因素,需要相互比较。

对于 6.4 节所述的库存管理计划(Stockpile Stewardship Progran,SSP),必须做出类似的决策。库存管理计划制定了自身的框架,称为裕度和不确定度量化(Quantification of Margins and Uncertainty,QMU),而该框架又产生了一个称为裕度比不确定度(M/U)的量(Goodwin 和 Juzaitis,2006)。如果该比值"大",则需谨慎处理,但武器系统的安全、安保和可靠性得到了保证。如果该比值接近 1,决策者将面临多种选择,其中包括在两大方面做出权衡:是增加裕度,还是减少不确定度。做出每一项选择,都必须考虑计算模型和不确定度以及随机变量的一系列决策。

在许多情况下(包括上述两例),这都与几个优化领域有极其相似之处,在基于 VV&UQ 做出决策所需要的数学基础中,这种相似性能够发挥重要作用。例如,在多目标优化领域(Miettinen,1999),重点是开发出一系列方法与算法,用以求解涉及多个目标(须同时最小化)的问题。于是,各种选项权衡方法便应运而生。随机优化(Ermoliev,1988;Heyman 和 Sobol,2003)是另一个相关领域,其中,一些设计参数或约束采用随机变量进行描述。诸如此类问题的理论可以加以利用,就每一项决策划定更优的不确定度区间。模拟优化领域还有其他的方法。一种替代方法是鲁棒优化。有人试着在广泛的非随机、不确定输入参数范围内找到最优解(Ben - Tal 和 Nemirovski,2002)。在这种情况下,鲁棒解是在整个给定不确定输入参数范围内仍保持"最优"的解(Taguchi 等,1987)。如果能够获取的话,这类解是颇为可取的,因为决策者可以确信,无论他们选择怎样的方案,不确定输入参数所导致的后果都不会使最优解产生大幅变化。所有这些例子都表明,在不确定条件下决策的数学基础中,优化是核心要素。

对信息体系进行归纳,是报告模型结果的一个必要组成部分。信息体系能够评估模型的适宜性及其预测关注量的能力,并将用于预测的关键假设囊括其中。这些信息将帮助决策者更好地了解模型的充分性,以及报告的预测与不确定度所依赖的关键假设和数据源。此外,6.2 节中关于文件形成与透明度的研究结果也应提供给决策者和同行评审者。

不确定度量化研究是一项持续性工作,在整个研究过程中,无论是研究本身还是外部应用,都需要做出决策。建立这种认知颇为重要。2.10 节的气候建模案例研究就是一个例证——目前,为了做出政策决策,我们只有有限的不确定度量化信息可以使用。该案例强调,需要开发出基于部分或非常有限的不确定度量化信息的决策平台。同时,它还强调,需要确定在哪些情形下,不确定度量化表征越详细,就越能更加清楚地做出决策。

6.4　库存管理计划中基于 VV&UQ 做出的决策

1992 年美国暂停核试验伊始,能源部制定了维持和评估该国核武器库存的替代方案。建立库存管理计划,是为了"确保维护美国在核武器方面的核心知识和技术能力"(美国国会,1994)。在缺乏核试验的情况下,库存管理计划必须每年评估核武器库存的安全、安保和可靠性。年度评估进程的一个关键成果是由三家国家安全实验室的主任向能源部长、国防部长和核武器委员会发布库存状况报告。三家国家安全实验室分别为劳伦斯利弗莫尔国家实验室(Lawrence Livermore National Laboratory,LLNL)、洛斯阿拉莫斯国家实验室(Los Alamos National Laboratory,LANL)和美国桑迪亚国家实验室①(Sandia National Laboratories,SNL)。收到报告后,能源部长、国防部长和美国战略司令部司令各自向美国总统致函,就库存的健全性和是否应该恢复核爆炸试验提出各自的看法。因此,库存管理计划评估可为总统决定是否恢复核试验提供技术基础。

作为评估框架的组成部分,裕度和不确定度量化是决策支持过程。这一案例研究阐述了对于减少裕度和不确定度量化进程中造成的不确定度,以及对于加强决策进程而言,不确定度量化所发挥的重要性。在该案例中,不确定度量化是对最大的不确定度来源进行量化,其对于减少模型输入误差的资源分配至关重要。它提供了一种量化并传递对核武器性能和操作形成置信度的手段。裕度和不确定度量化提供了一个框架,该框架系统地涵盖了建模和模拟结果、正在进

---

① 美国桑迪亚国家实验室是由洛克希德·马丁公司的全资子公司桑迪亚公司根据合同 DE - AC04 - 94AL85000 为能源部国家核安全局管理运营的多项目实验室。

行的非核实验、遗留的核试验,以及核武器设计物理学家的明智判断。美国国家研究理事会(NRC,2009)开展的一项研究总结了裕度和不确定度量化的方法和实践现状。裕度和不确定度量化的关键理念是裕度量化、可接受性能阈值以及不确定度量化,这表明我们对武器系统的物理学和工艺制造仍有缺陷。不确定度量化是裕度和不确定度量化框架的基础。

裕度和不确定度量化是一种评估方法,它将库存管理计划的重点放在对库存造成的风险上,并提供和传达基于不确定度量化所提出的建议。当问题出现时,作为美国核威慑能力的管理者,负责该国核武器库存的决策者有以下一系列方案可以考虑:

(1)什么都不做(接受通过裕度和不确定度量化确定的风险)。

(2)通过运用理论、模拟和实验降低关注量的不确定度。

(3)改进武器系统。

(4)促使军方改变武器系统的特征和要求。

(5)改进核武器综合体和国防部内的操作方案。

(6)停止武器系统认证。

这种决策空间会对国家的核威慑构成影响,从而造成严重后果。正在考虑的各项方案或对威慑态势产生影响,或需投入大量资金,又或者两者皆有。鉴于这些决策所产生的后果,库存管理计划在所有互动中(内部交互、同行评审交流、与利益相关方的互动)都使用裕度和不确定度量化作为共同语言,以展示美国库存相关决策的合理基础。裕度和不确定度量化作为一项量化手段,为决策过程提供了透明度。

裕度和不确定度量化框架属于库存管理计划,所以需要训练有素的设计和计算物理学家;它并未提供一个独立于明智判断也可执行的数学程序。基于定量输入而做出的设计判断是库存管理计划的核心,也是决策过程的重要组成部分。判断应基于技术的严谨、经验的锤炼,并通过绩效来验证。判断需要从具有有界有效域的模拟模型、实验和理论中获得定量输入。从本质上说,判断就是知道要问什么问题,而且能从有限的、时而相互矛盾的输入中得出结论。判断不是简单的断言,也并非独立于严格的技术评估。

采用裕度和不确定度量化框架开展工作涉及几项关键活动:

(1)确定裕度评估所依据的关键绩效指标。

(2)建立仿真模型的验证和确认基础。

(3)实施不确定度量化;将输入数据、制造差异和模型形式不确定性导致的不确定度考虑其中(如有可能)。

(4)模型校准(如有必要)。

（5）建立绩效指标的阈值，并对裕度和不确定度进行量化。

（6）形成包括裕度和不确定度在内的文档基础，并就结果开展内部和外部同行审查。

本书对上述活动进行了逐一讨论，尽管措辞可能略有不同。关键性能指标类似于不确定度量化研究中的关注量；建立指标阈值，是经验丰富的设计人员做出的重要贡献；此处 VV&UQ 和文档的形成与其在其他 VV&UQ 活动中同等重要。最终，产生的结果被归纳为裕度及其关键绩效指标的不确定度。

设立阈值、裕度和不确定度，必须适应校准模型的用途。库存管理计划中使用的模拟工具，采用了迄今为止实现的最佳物理建模。然而，即使国家核安全局可以获得大量计算资源，核武器性能的完全第一性原理模型也是不可行的。考虑到这一点，不确定度量化方法必须有助于说明当模拟模型外推到校准点以外的范围时，校准模型是如何发散的。上述概念是不确定度量化在库存管理计划中应用的一个重要方面。

通过改变武器系统所需的特性、改进整个综合体的操作或改进武器系统本身，可以增加裕度。改变武器系统所需的特性，必须与国防部共同决定，但这个方案或许并不可行。改进操作或武器系统本身则可能需要大量的财政支出。此外，这些改进措施还可能会使系统偏离已建立的校准基础，当然也会造成不确定度增加。这种不确定度的增加必须通过增加裕度来加以补偿，以实现裕度—不确定度比值的净增加。

对库存管理计划具有的一系列能力加以利用，便可减少不确定度。在这一决策过程中，根据不确定度量化提出的建议是一项关键组成部分。裕度和不确定度量化是对照已评估的裕度，对不确定度予以量化，重点关注需要增加的裕度，或需要减少或进行更好量化的不确定度。主效应分析可对最大的不确定性来源进行量化，是为减少输入错误而进行资源分配的必要步骤。通过改进相关物理模型原理，约束模型形式误差，并在可能时消除校准这项需求，从而实现改进。此外，还可以通过开展实验活动来改善仿真模型的校准基础，从而限制校准过程引入的误差，以实现改进。同样，通过实验来扩展仿真模型的有效性域，可以减少关注量或其他关键指标的预测不确定度。最后，通过改进输入表征、实验数据或原理，减少与模型输入相关的误差，也能实现改进。重要的是，根据不确定度量化做出的决策有助于确定在特定的重点领域，何时可以达到"适可而止"的程度，并且持续投资已不太可能提高对系统性能的总体置信度。

裕度和不确定度量化提供了可靠、可量化的基础，经得起科学的推敲，可用于做出影响规划、优先排序、整合和跨库存管理计划各种元素交流的纲领性决策。履行国家库存决策责任的战略必须在实验、物理模型、仿真工具、理论和分析方法中,在根据裕度和不确定度量化获取的能力之间找到平衡。根据不确定度量化获取模拟能力,就能通过高保真设计研究,为美国决策者提供未来的决策方案,包括影响库存、武器制造综合设施和实验设施的方案。

6.5 内华达国家安全区根据 VV&UQ 做出的决策

6.5.1 背景

本案例研究涉及的内华达国家安全区是指内华达州丝兰平地(图 6.1),1951—1992 年间,该地共进行了 659 次地下核试验(Fenelon,2005)。丝兰平地的大部分深层大型试验都是在地下复杂的火山岩层的地下水位以下进行的,这些火山岩层已被许多断层切割。目前,该地正在开发数值模型,以预测未来1000 年内地下水系统中放射性核素从试验洞室迁移的情况。尤其值得关注的是火山层下方广泛分布的区域性碳酸盐含水层。羽流随时间演变的大小和范围、超过《安全饮水法》标准的总水量,以及放射性核素流向下层含水层的质量流量等预测,均须置于概率框架内。本书中讨论的研究尚未将污染物输运包含在内。在本次研究中,关注量指的是未来 1000 年内从研究区流入下层含水层的水量增量。案例研究阐述了如何对决策过程中的不确定度进行量化。然而,在本案例中,研究的关注量累积超过 1000 多年,无法进行观测。能源部和内华达州环境保护局将根据这次大规模调查的结果,做出有关补救、监测和未来水文地质数据收集的关键决策。尽管验证和确认在这一更大规模的调查工作中发挥着至关重要的作用,但本案例研究更侧重于不确定度量化的方面,展示如何获得结果以及它们如何影响沟通和决策。

本案例研究分为两个主要阶段:①校准阶段。在该阶段中,采用可获得的测量值约束模型中的不确定参数;②预测阶段。这一阶段是针对关注量,对预测不确定度进行估计。

6.5.2 物理系统

本案例中,有许多重要的过程需要考虑,一些过程主要关注源项(地下核试验),另一些过程则关注地下水的流动和输运过程。前一类是在工作点附近引起岩石性质和孔隙水压剧烈变化的过程,以及在空腔内外分布放射性核素的过程。所有这些过程都发生在每个试验场周围的区域,处于爆炸后的最初几秒内。后一类过程则包括平流、扩散、分散、裂缝和岩石基质之间的质量转移、因含水层

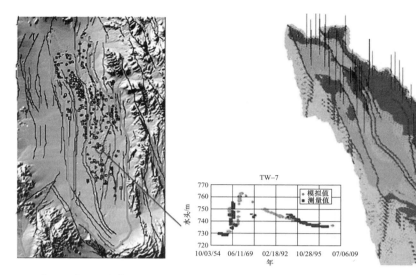

(a) 黑色圆圈表示核试验的研究地点。绿色轮廓圈出的是被建模的区域。红色圆圈表示试验井的位置，其数据绘制在(c)中。

(b) (a)中红色圆圈标识的试验井随时间变化的液压区水位数据。

(c) 高保真模型的计算模型网格包括含水层(浅蓝色和深蓝色)、弱含水层(橙色和绿色)和断层(红色)线。黑线表示试验井位置。

图 6.1 内华达州丝兰平地试验场水量增量不确定度量化
算例示意图(资料来源：Keating 等，2010)(见彩图)

长期减压引起的地表沉降、矿物表面吸附和放射性衰变。

6.5.3 物理系统的计算建模

本研究使用两种迭代耦合代码对系统进行建模。第一种是现象学测试效应模型，它模拟因地下试验引起的瞬时岩石和流体压力变化。第二种是有限体积传热传质代码(Zyvoloski 等，1997)，用于模拟地下水的瞬态流动和放射性核素的迁移。使用 3.6GHz 处理器(精细解析数值网格)运行耦合模型所需的时间约为 7h(图 6.1(c))。本书仅考虑模拟的测试效应和地下水流动部分(非放射性核素迁移)。了解试验如何影响地下水流动，是解决放射性核素迁移最终问题的关键。

该模型使用了上百个参数，其中许多参数都(可能)与每一次地下核试验的独特特征有关。其他参数则与各种岩石层和断层带的渗透性、孔隙度和储存特性有关。许多(即使不是大多数)参数与本质上不可约减的不确定度关联。但是，约束尽可能多的参数十分重要。在测试大约 60 口井期间，对瞬态水头数据进行了收集，基本上为监测井(图 6.1(c)中的黑线区域)处所测得的压力；同时，还采用了这些数据进行参数估计。

6.5.4　参数估计

模型校准过程采用水头测量,捕获监测井处的压力,在不同时间收集约 60 口井的压力。图 6.1(b)展示了其中一口井在不同时间的测量结果。测量的目的在于,使用这些校准数据约束参数不确定度,以便利用其生成关注量预测不确定度。然后,利用预测及其不确定度,便可决定是否需要实施额外的监测或采取缓解措施。

重要的是,不确定度要在应用中得到充分捕获,例如在这种应用中,无法获得关注量的直接测量值。不确定度量化分析的设计目的是,不仅能产生经过合理校准的模型,还能为关注量的后续不确定度评估建立框架。这两个目的有时会在以下意义上发生冲突:当参数维数大于数据可用性(不适定反问题)时,传统的校准方法会失败,而且这在水文地质反问题中经常发生。处理这种不适定性的常见策略是将大多数模型参数"固定"在标称设置中,只允许那些对校准数据敏感的参数发生变化。不幸的是,尽管这种简约性策略能够成功地产生一组接近测量值的参数,但它却大大低估了参数的不确定度会产生某些不恰当的关注量估计值(Hunt 等,2007)。此处的关注量指的是在未来 1000 年中,从研究区域流向下层含水层的水量增量。

使用反问题的贝叶斯公式,对校准数据条件化后的 200 多个参数的不确定度进行了描述。这需要对每个输入参数的分布和范围,以及在给定模型参数情况下实施水头测量的可能性进行说明。采用零空间蒙特卡罗(Monte Carlo,MC)的方法(Tonkin 和 Doherty,2009),从产生的后验分布中采集样本。该方法可在 PEST[1] 软件套件中获取(Doherty,2009)。它使用了基于导数的搜索以及后验密度的蒙特卡罗采样。本次分析的一个关键特征是不受校准数据约束的大量参数可以在不确定度分析中自由变化,从而为关注量生成更广泛的结果。

这种正向模型是高度非线性的,并且计算要求苛刻,因此很难对该应用下的不确定度量化方法进行调整和评估。为了便于开发和测试适合该应用的参数估计和不确定度分析策略,构建了一个快速运行的简化模型。该简化模型(Keating 等,2010)具有与过程模型相似的许多参数,并且可以根据上述相同的数据集进行校准。零空间蒙特卡罗方法经过简化模型的调整和测试之后,可被移植并用于高保真中央处理器加强过程模型的校准。

---

① 参见 pesthomepage. org。检索时间:2011 年 9 月 7 日。

6.5.5 （外推）预测和不确定性描述

在给定校准数据(6.5.4 节所述)的情况下,参数设置的后验样本通过计算加强过程模型进行了正向传播,生成了关注量预测集合——关注量即 1000 年时间跨度内研究区域因核试验影响而产生的额外水量(图 6.1(a))。图 6.2 显示了根据该集合估计的关注量的概率密度函数。由于计算资源的限制,集合的规模相当小。

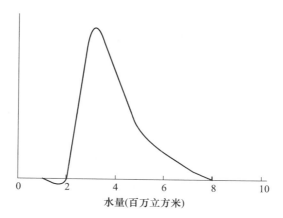

水量(百万立方米)

图 6.2　关注量预测集合——关注量为 1000 年的时间跨度内,在整个内华达试验场
丝兰平地研究区域,因核试验影响而流入下层含水层的额外水量。这一预测的
最高值也不及该时间跨度内流入下层含水层总水量的 1%(资料来源:Keating 等,2010)

为了评估关注量预测可靠性,针对尚未用于模型校准的量——地面沉降,生成了一组预测集合(Keating 等,2010)。研究发现,在近 90% 的模型域中,实测沉降量均在预测集合的范围内,这表明该模型可以从井口测量值外推到其他重要的模型输出(Keating 等,2010)。

此外,还创建了许多离散的替代概念模型,主要用于解决与试验现象学和岩石力学耦合相关的关键问题。本质上,这些都属于不可约减的不确定度。同样,替代模型也根据实测现场数据进行了充分的校准,可以认为是同样合理的。然而,使用这些离散模型生成的预测值范围很小,这为基于任何单一模型进行预测的鲁棒性提供了信心。

6.5.6　向决策者和利益相关者报告结果

在模型开发、分析和预测阶段,与利益相关方(能源部和内华达州环境保护部)举行了多次通报会。在通报会上,利益相关方可以提意见和反馈,并对过程透明程度表示信任。特别重要的是,要确保任何一个可信的概念模型都包含在不确定度分析中。

6.6 总　　结

如本章所述,在 VV&UQ 研究期间,以及在 VV&UQ 分析完成之后,可以做出关于资源分配的决策,其结果将作为决策过程的关键输入。显然,促成做出这项决策的信息可能既是定性的,也是定量的。此外,VV&UQ 过程中做出的决策可以像设计确认实验一样,用来改进信息的定性和定量两方面。

如果需要定量结果,优选准则可能包括对信息或预测不确定度进行数学归纳。完成这种优化搜索,通常需要实施苛刻的计算。第 4 章关于仿真和降阶模型的讨论也与此相关。此外,即使需要定性信息,通常也需通过定量分析获得。6.5 节中的案例研究就是这种情况,在该案例研究中,采用了地表沉降的相关定量信息,产生关注量预测不确定度的定性信息。

研究结果:不确定度量化评估已为高后果决策提供了帮助,并将继续发挥作用。

6.7 参 考 文 献

[1] Ben – Tal,A. ,and A. Nemirovski. 2002. Robust Optimization – Methodology and Applications. Mathematical Programming,Series B 92,pp. 453 – 480.

[2] Doherty,J. 2009. Addendum to the PEST Manual. Corinda,Australia:Watermark Numerical Computing.

[3] Ermoliev,Y. 1988. Nonlinear Multiobjective Optimization. New York:Springer.

[4] Fenelon,J. M. 2005. Analysis of Ground – Water Levels and Associated Trends in Yucca Flat,Nevada Test Site,Nye County,Nevada,1951 – 2003. U. S. Geological Survey Scientific Investigations Report 2005 – 5175. Washington,D. C. :U. S. Department of the Interior.

[5] Goodwin,B. T. ,and R. J. Juzaitis. 2006. National Certification Methodology for the Nuclear Weapon Stock-pile. UCRL – TR – 223486. Available athttp://www. osti. gov/bridge/product. biblio. jsp? _ id = 929177. Accessed March 19,2011.

[6] Heyman,D. P. ,and M. J. Sobel. 2003. Stochastic Models in Operations Research,Vol. II:Stochastic Optimi-zation. Mineola,N. Y. :Dover Publications.

[7] Hunt,R. J. ,J. Doherty,and M. J. Tonkin. 2007. Are Models Too Simple? Arguments for Increased Parameter-ization. Ground Water 45(3):254 – 262.

［8］ Keating, E. H. , J. Doherty, J. A. Vrugt, and Q. Kang. 2010. Optimization and Uncertainty Assessment of Strongly Nonlinear Groundwater Models with High Parameter Dimensionality. Water Resources Research 46 (10):W10517.

［9］ Miettinen,K. 1999. Nonlinear Multiobjective Optimization. New York:Springer.

［10］ NRC (National Research Council). 2007. Models in Environmental Regulatory Decision Making. Washington, D. C. :National Academies Press. NRC. 2009. Evaluation of Quantification of Margins and Uncertainties Methodology for Assessing and Certifying the Reliability of the Nuclear Stockpile. Washington, D. C. :The National Academies Press.

［11］ Oldenburg,C. M. , B. M. Freifeld, K. Pruess, L. Pan, S. Finsterle, and G. J. Moridis. 2011. Numerical Simulations of the Macondo Well Blowout Reveal Strong Control of Oil Flow by Reservoir Permeability and Exsolution of Gas. Proceedings of the National Academy of Sciences:July.

［12］ Taguchi, G. , L. W. Tung, and D. Clausing. 1987. System of Experimental Design:Engineering Methods to Optimize Quality and Minimize Costs. New York:Unipub.

［13］ Tonkin, M. , and J. Doherty. 2009. Calibration – Constrained Monte Carlo Analysis of Highly Parameterized Models Using Subspace Techniques. Water Resources Research 45(12):w00b10.

［14］ U. S. Congress. 1994. Section 3138, National Defense Authorization Act for the Year 1994. Public Law 103 – 160;42 U. S. C. 2121 Note.

［15］ Zyvoloski, G. A. , B. A. Robinson, Z. V. Dash, and L. L. Trease. 1997. User's Manual for the FEHM Application – A Finite – Element Heat – and Mass – Transfer Code. Los Alamos, N. Mex. :Los Alamos National Laboratory.

第7章 验证、确认和不确定度量化实践、研究和教育的下一步发展

近年来,验证、确认和不确定度量化在计算科学和工程领域中的作用愈发显著,且随着高质量计算建模适用的领域越来越多,VV&UQ 的作用将持续不断地提升。前几章介绍了 VV&UQ 迄今为止在复杂物理系统计算建模中的发展。本章探讨 VV&UQ 的下一步发展,总结对任务说明的回应,包括确定的 VV&UQ 原则和当前最佳实践途径、VV&UQ 研究与发展建议,以及教育改革建议。

7.1 VV&UQ 原则和最佳实践途径

如第 1 章所述,仅从 VV&UQ 数学科学方面确定原则和最佳实践途径。本章所述原则和最佳实践途径不加限制,但局限于某些方面,不强调物理科学领域中的非数学问题和结果交流等。VV&UQ 方法已在许多不同应用领域中独立发展,因此采用哪种方法可视具体领域而定。近期的一些研讨会和会议聚集了很多不同应用领域的研究人员,他们所处的立场不同,旨在交流思想,以及更好地理解不同 VV&UQ 实践途径之间的联系、共性和差异。随着交流的日益深化,不同条件下的各种实践之间的关系愈发清晰,对不同应用领域最佳实践途径的理解也愈发深刻。然而,确定一组方法或算法实现下述最佳实践还为时过早。就目前而言,某些方法和算法更加适合于某些应用,而另一些则可能更适合于其他应用。因此,委员会确定了原则和最佳实践途径,但并未规定实施方法。

本节首先给出了概括性论述,继而论述了验证过程的原则和实践途径,然后讨论了确认和预测过程的原则与实践途径。正如前几章所强调的,如未明确关注量(Quantity of Interest, QOI),就无法清晰定义 VV&UQ 分析。如在一开始就确定了关注量,VV&UQ 过程的结果通常将比侧重于"解"时所产生的结果更有意义。例如,假设一个给定的模型准确地捕捉了物理系统的平均或大尺度特征(而非小尺度特征),如在给定的应用中只有大尺度特征属于重要因素,那么确定的适当关注量应对大尺度行为(而非小尺度行为)具有敏感性。在此情况下,

进行 VV&UQ 分析后,可能发现模型准度足以(例如,关注量预测值的不确定度足够小)提供可操作信息。但是,如果小尺度细项属于重要因素,在确定适当关注量并进行 VV&UQ 分析(应用于同一物理系统的同一模型)后,可能发现模型准度过低,没有任何价值。

应谨慎利用之前 VV&UQ 分析的结果。由于 VV&UQ 结果对应于特定设置中的特定关注量,因此将这些结果直接应用于新关注量和设置可能很难证明其合理性。但是,如果可用的物理数据支持广泛的模型准度评估,并且操作人员对被建模的物理现象有着扎实的理论理解,就可以考虑将 VV&UQ 结果应用于广泛条件和关注量下的模型。例如,蒙特卡罗 N 粒子输运代码[①],该代码涵盖了大量知识,并已针对成千上万个实验(涵盖多种粒子类型和广泛条件)的测量结果进行了测试。

VV&UQ 企业应基于应用和决策环境的重要性与需求确定活动的严格程度。某些应用会涉及高后果决策,所需的 VV&UQ 工作量便较大;而某些应用则不涉及。

7.1.1 验证过程的原则和最佳实践途径

本节列举了委员会提出的关键验证原则,以及有关各项原则的最佳实践途径。详见第 3 章。

(1)原则 1:只有针对特定关注量(通常是完整计算解的函数),才能清楚定义解验证。

最佳实践途径:①清晰定义给定 VV&UQ 分析的关注量,以及解验证任务。不同关注量受到数值误差的影响不同。

② 确保解验证包含不确定度量化的全部输入范围。

(2)原则 2:通常情况下,可以利用代码与数学模型的层次结构提高代码与解验证的效率和有效性,首先针对最底层实施验证,其次针对更复杂层次依次实施验证。

最佳实践途径:①确定计算模型和数学模型中的层次结构,完成代码验证和解验证,并在代码设计过程中牢记。

② 测试套件中包含测试层次结构中所有层次的问题。

(3)原则 3:对按照适当软件质量实践开发出的软件实施的验证最为有效。

最佳实践途径:①使用软件配置管理和回归测试,并努力了解回归套件的代码覆盖范围。

---

① 参见 mcnp‐green. lanl. gov. 检索时间:2011 年 9 月 7 日。

② 了解代码间的比较结果可能会有所帮助,尤其是在早期开发阶段发现错误,但通常不足以构成代码验证或解验证。

③ 与解析解进行比较(包括通过人造解方法创建的解析解),有助于完成验证。

(4) 原则 4:解验证旨在估计并尽可能地控制当前问题中各关注量的误差(当然,最终目的是帮助人们在面临不确定性情况下利用不确定度量化方法来做出决策。因此,可针对性地调整不确定度量化过程,以在当前决策背景下确定降低不确定度、约束不确定度或绕过问题的相关方法。6.2 节"VV&UQ 活动中的决策"对 VV&UQ 在不确定度管理中的应用进行了探讨)。

最佳实践途径:①在解验证中,尽可能采用目标导向型后验误差估计,给出特定关注量的数值误差估计。在理想情况下,选择合适的模拟保真度,确保估计误差导致的不确定度相对于其他因素来说较小。

② 如果目标导向型后验误差估计不可用,尝试对当前问题进行自收敛研究(在该研究中,关注量计算基于不同的粗细网格),以有效估计数值误差。

评论:如果没有后验结果或自收敛结果,可根据相关参考问题中类似关注量数值误差的详细评估,估计当前问题中给定关注量的数值误差。但是,参考问题(允许进行详细评估,但与当前问题明显相关)的确定具有一定难度。如果假设参考问题中的数值误差可代表当前问题中的数值误差,会存在一定风险。

7.1.2 确认和预测过程的原则和最佳实践途径

尽管解验证相关问题是建立在数学和计算科学基础上的,但确认和预测中出现的问题还需用到统计学和特定领域(物理、化学和材料等)的专业知识,并做出相关的判断选择,例如,确定确认研究与当前问题中关注量预测之间的相关性。本节会对这种判断的必要应用进行简要说明。适用范围的概念(确认活动判定为适用的空间范围)有助于确定确认活动与当前给定问题中关注量预测之间的相关性。此概念可以包括特征或描述符,将问题空间(例如落球示例中的球密度、半径和落球高度)表征为坐标轴定义数学空间。每个问题或实验都与空间中的某个点相关联,因此,确认活动涵盖的问题会映射到域空间中的一组点,而当前问题会映射到空间中的另一个点。可以根据特定问题点相对于其他点的位置来确定它们之间的相关性。例如,如果新点被确认问题点所包围,则确认研究可被判断为具有高相关性。

此概念极具吸引力,但在结合数学严格性来应用此概念时,就必须解决重要的复杂事实:如果在用于形成空间轴的集合中忽略了重要特征,那么当两个问题在许多重要方面存在差异时,这两个问题看起来可能是相似的,相关说明可参见1.6 节落球示例中"球的质地"。但是,如果将所有潜在的重要特征纳入集合中,空间尺寸可能会非常大。在落球示例中,潜在的附加特征可以包括环境温度、环境压力、环境湿度、风况、球表皮材料、球内部结构、球下落时对其施加的初始转动力、球弹性和球热膨胀系数等。在集合中纳入大部分特征(并非所有特征)将有助于避免重要特征的遗漏,但需创造一个高维域空间,其中任何新问题都在先前问题的范围之外,使得每一次预测都成为"外推"预测。简言之,如果是低维域空间,则需根据专业判断来评估未包含特征的影响,但如果是高维域空间,则要求专家评估先前经验与外推预测的相关性。无论采用哪种方式,必须依据专业知识做出判断。

上述论述无意抨击适用范围概念或贬低其实用性。相反,上述论述意在说明,仅凭数学并不能确定过去经验与当前问题的相关性,但是基于专业知识做出的判断是确定相关性的必要因素。

尽管各领域的确认和预测实践途径各不相同,专业知识和判断的固有作用也不同,但随着改良方法的快速发展,现已确定了有关确认和预测过程的部分通用原则和最佳实践途径,并且委员会认为这些原则和实践途径经得起时间的考验。更多详细信息,参见第5 章。

(1)原则1:只有针对特定关注量,才能很好地定义确认活动。

最佳实践途径:在确认过程的早期阶段,定义将要计算的关注量。

(2)原则2:确认评估仅针对物理观测结果"涵盖"的应用范围内,直接提供关于模型准度的信息。

最佳实践途径:①在量化关注量的模型误差时,系统性地评估支撑确认活动(对于不同问题的数据,通常具有不同的关注量)的相关性。专业知识应为相关性评估提供信息(参见上文和第5 章)。

② 尽可能广泛地使用物理观测源,以便在不同条件下和多级集成中检查模型的准度。

③ 采用"拿出测试"来测试确认和预测方法。在测试中,保留部分确认数据,不用于确认过程,使用预测机器"预测"保留的关注量(包含量化了的不确定度),最后比较预测结果与保留数据。

④ 如果确认过程中使用的物理系统没有观察到预期关注量,则比较可用物理观测结果与关注量的敏感性。

⑤ 采用多种指标比较模型输出参数与物理观测结果。

(3)原则3:通常可以利用计算模型和数学模型的层次结构来提高确认活动的效率和有效性,从最底层层次到复杂层次依次完成评估。

最佳实践途径:①确定计算模型和数学模型中的层次结构,寻找有助于分层确认的测量数据,然后尽可能利用层次结构。

② 尽可能使用物理观测结果(尤其是在较基本的层次),以限制模型输入和参数的不确定度。

(4) 原则4:综合关注量预测中多个来源的不确定度和误差,包括数学模型中的偏差、计算模型中的数值和代码误差,以及模型输入和模型参数中的不确定度。

最佳实践途径:①记录评估关注量预测值不确定度用到的假设,以及任何遗漏的因素,并说明理由。

② 评估关注量预测值及其相关不确定度对各个不确定度来源以及关键假设和遗漏信息的敏感性。

③ 记录关键判断(包括确认研究与当前问题的相关性),评估关注量预测值及其不确定度对这些判断变化的敏感性。

(5) 原则5:确认活动必须考虑物理观测结果(测量数据)的不确定度和误差。

最佳实践途径:①识别确认数据中所有重要的不确定度和误差来源(包括仪器校准、初始条件中的不可控变化,以及测量设置中的可变性等),并量化各来源的影响。

② 尽可能使用可重复性数据估计可变性和测量不确定度。

评论:如果测量结果非直接测量获得,而是附属反问题的结果,评估它的不确定度可能是困难的。

7.2　相关领域的原则和最佳实践

7.2.1　透明度和报告

在向利益相关方(包括可能不熟悉分析过程的决策者)展示 VV&UQ 结果时,应明确表述关键的底层假设,以及这些假设对关注预测值、不确定度和其他关键结果的潜在影响。针对不确定度量化分析,应说明已考虑到和未考虑到的不确定度,并对后者的影响进行评估。同样重要的是,在展示 VV&UQ 结果时,应讨论假设的分类,评估哪些假设有可能改变结果,并评估关键结果对替代假设的敏感性。政府间气候变化专门委员会报告(Randall 等,2007)第 8 章中提到了一个很好的例子,详细说明了可能会影响总体评估(人为因素对气候变化影响的总体评估)的模型缺陷。

在结果展示时,采用适合于当前应用的简单易懂语言最为有效。如果使用具有特定含义的数学、统计学或 VV&UQ 领域术语,通常会导致认识错误或理解错误。Oreskes 等(1994)指出,诸如"验证"和"确认"之类的词语具有共同的含义,可能会不恰当地运用于计算模型评估中。还需注意的是,请勿将建立大尺度计算模型涉及的数学、计算和特定领域科学与 VV&UQ 过程(评估模型预测适当性和准度)相混淆。

拿出测试,即使用模型对模型校准过程中未使用到的实验或观测结果进行预测,可直接用于证明模型在新条件下的预测能力,还可有效传达某些 VV&UQ 概念和结果。如果计算模型的校准采用了一组特定的物理测量结果,则可进行拿出测试,了解模型如何在新设置下预测系统行为。当然,正如上文提到的委员会的讨论内容,评估给定拿出测试的外推程度仍是一个亟待解决的问题。

7.2.2 决策

相关人员应汇总并向决策者清楚传达 VV&UQ 过程中的关键信息。这些关键信息包括模型选择相关的知识体系总结、验证过程证据、关注量计算值对关键参数不确定度的敏感性、模型匹配相关测量数据的能力的量化(来自确认研究)、预测问题中建模挑战相对于确认问题中建模挑战的评估、不确定度预测和量化的关键假设、被忽略的不确定度来源等。如已正确汇总并传达这些信息,VV&UQ 过程结果将在以下方面发挥独到作用:有效分配资源;总体不确定度的预算管理;在存在不确定度的情况下,针对高后果决策产生最合理依据。

VV&UQ 分析结果也可用于确定未来 VV&UQ 活动(计算机硬件采购、实验活动、模型改进工作和其他工作)的资源分配,以提高预测准度或提高模型预测的可信度。但是,可用计算模型的成本通常很高,并且模型无法完美再现真实情况,资源分配的决策任务也就难以实现。此外,模型只能提供模型中已表征过程的信息,因此模型缺陷或偏差的现实评估对于资源分配来说至关重要。如果更好地理解当前模型的缺陷是改进预测的关键,则可能需要其他确认数据。因此,资源分配方法必然需要某种形式的定性评估或判断。考虑 VV&UQ 活动的复杂度,应精心设计和规划活动的流程,以确保资源得到有效利用、重要因素得以考量。

7.2.3 软件、工具和存储库

目前,VV&UQ 从业者可以使用一套有限的软件和知识库(用于数据、示例和代码)协助其工作,尤其适用于发展中的不确定度量化领域。目前已开发出许多特定应用的软件项目,例如 Dakota[①](工程应用)和 PEST[②](环境应用),同时也开发出了相关软件,用于执行 VV&UQ 过程中涉及的特定计算(例如,敏感性分析、响应面建模、代码验证的逻辑错误校验等)。美国能源部近期开展了一项工作,着重开发高性能计算环境中不确定度量化的软件工具。

上述软件有益于广大从业者和用户。在更完善的工作中,会有文档和用户群体协助他们使用这些软件。尽管学习曲线陡峭,而且特定软件包提供的框架和工具可能并不适用于当前应用,但当前正在开发软件中的许多实用程序都将用于 VV&UQ 工作。在其他软件工作中,可在内部使用单独的可用函数库和实用程序,以达到更好的效果。

几乎所有可用的软件都将计算模型视为一个黑盒,在给定的输入设置下产生输出。对于一般用途来说(无需改变现有的计算模型),这种方法具有显著优势,但很难适应有关不确定度量化过程的新型嵌入式方法。

在 VV&UQ 领域中,采用一系列试验台示例(用于演示软件和 VV&UQ 方法,并为不确定度量化分析过程提供示例)是一种有效方式。从业者可利用知识库(可能由美国工业与应用数学学会、美国统计学会或其他与 VV&UQ 领域有利害关系的专业实体进行管理)来比较与评估不同的方法和途径,以确定适合其特定应用的最适当方法。对于在单独应用领域开发的各种 VV&UQ 方法,此类知识库也将有助于增强人们对这些 VV&UQ 方法异同点的理解。

7.3　改进数学基础的研究

本节讨论了可以改进 VV&UQ 过程数学基础的研究方向。对于解验证领域中比线性椭圆偏微分方程更复杂的数学模型,必须使用可以准确估计当前问题在计算中出现数值误差的方法。在确认和预测领域,研究需求主要取决于:①大尺度计算模型造成的计算负担;②整合多种信息源的需求;③与评估模型预测质量相关的挑战。在不确定度量化领域,需要改进相关方法,处理大量不确定的输入参数(著名的"维数灾难")。在概率/统计建模、计算建模、高性能计算和应用知识的衔接领域,研究方向较为广阔,这表明未来 VV&UQ 研究工作应涵盖跨学科合作活动。

---

① 参见 Dakota. sandia. gov. 检索时间:2011 年 9 月 7 日。

② 参见 pesthomepage. org. 检索时间:2011 年 9 月 7 日。

7.3.1 验证研究

解验证过程旨在定量估计数值误差对特定关注量造成的影响,主要采用"目标导向型"方法,直接估计解(特定关注量)的函数表达误差,而非估计有关解的抽象数学规范中的误差。如第3章所述,对于线性椭圆型偏微分方程解中的数值误差,目前已开发出估计其双侧紧界的方法,但是对于更复杂的数学模型,还需进行相关研究,开发出类似水平的方法来估计误差。以下研究领域可能有助于实现验证方法的重大实用化改进。

（1）开发目标导向型后验误差估计方法,应用于比线性椭圆型偏微分方程更复杂的数学模型。很多这种模型都有重大的实践意义,涵盖非线性、多重耦合物理现象、多尺度桥接、双曲型偏微分方程和随机性等特征。

（2）开发有关于复杂网格（包括自适应网格）目标导向型误差估计的理论。

（3）开发目标导向型误差估计算法,算法应在大尺度并行体系结构上具有良好的扩展性,尤其是在给定复杂网格（包括自适应网格）的情况下。

（4）在给定上述各种复杂数学模型的情况下,开发出能够控制数值误差的自适应算法。

（5）在给定上述各种复杂数学模型的情况下,开发出能够有效管理离散化误差与迭代误差的算法和策略。

（6）开发误差边界估计方法,用于应对网格无法解析的重要尺度（如湍流）。

（7）针对上述各种复杂数学模型进一步开发参考解,包括人造解。

（8）对于由多个简单组件构成的计算模型,包括层次模型:开发相关方法,以利用简单组件的数值误差估计,以及组件耦合方式相关信息,得出整个模型的数值误差估计。

7.3.2 不确定度量化研究

研究人员对响应面建立方法和降阶模型的持续改进也许会在VV&UQ领域中取得卓效成果,但从更广泛的角度考虑VV&UQ问题的新研究方向则很有可能大幅提高效率和准度。例如,第4章所述响应面方法可以同时考虑概率描述的输入参数不确定和数学或计算模型形式不确定,以描述输出的不确定度,相较于标准方法而言,这一做法可以极大地提高效率。

基于应用的计算建模角度解决问题的内嵌式或嵌入式方法（例如使用伴随信息进行验证、敏感性分析或反问题的方法）,通常可以实质性地提高计算效率。在大尺度问题中,某些方法也要考虑计算架构相关因素。然而,除了提到的这些例子,涉及关于如何在 VV&UQ 领域中利用高性能计算能力的文献很少。委员会期望,从这一更广泛角度开展的 VV&UQ 方法研究能在日后继续结出硕果。

一些应用会采用分层连贯模型的集合。在某些情况下,某一模型的输出可作为另一模型的输入参数,如核系统建模或 5.9 节所述的再入飞行器应用。在其他情况下,低保真度到高保真度计算模型的层次结构可用于特定系统的建模,如使用灰度扩散(低)、多群扩散(中)或多群输运(高)进行的辐射传热建模。其他应用会采用跨多个尺度的模型。在材料科学中,不同模型模拟现象的尺度不同,涉及微观尺度、介观尺度和大尺度,在这些尺度上可以体现出强度等综合特性。在区域气候建模中,可结合全球模型和区域模型,生成区域气候预测结果。在上述所有情况下,均有可能开发出利用层次结构的有效 VV&UQ 分析方法。

但是,这些方法也面临着一些挑战。Liu 等在 2009 年指出了常规应用方法链接到模型时出现的一些障碍。根据 VV&UQ 研究结果确定最佳资源分配方式是一项关于不确定度量化的重要任务(一个优化问题),对其展开进一步研究将大有裨益。优化过程所涉及的范围可能相当狭窄,正如确定一系列实验的最佳初始条件的过程,或者从更广泛的角度来看,做出以下选择的过程:改进计算模型中的一个模块,还是进行高成本实验(实验所需 VV&UQ 工作量较大)。任何此类问题均需进行某种形式的优化,同时确定诸多不确定度来源。

前文探讨了需要改进不确定度量化方法的领域。更多详细内容,请参见第 4 章。此处总结了一些有可能显著改进不确定度量化方法的研究方向。

(1)开发可扩展的仿真器构建方法,在训练点处再现高保真模型结果,准确捕捉远离训练点的不确定度,并有效利用响应面的显著特征。

(2)开发现象感知仿真器,可包含被建模现象的相关信息,从而确保远离训练点的准度更高(如 Morris,1991)。

(3)探索模型降阶方法,实现不确定度下的优化。

(4)开发罕见事件表征方法,例如,确定模型预测重大罕见事件的输入配置并估计其概率。

(5)开发跨模型层次传播和聚合不确定度及敏感性的方法(例如,究竟如何聚合微观尺度、介观尺度和宏观尺度模型的敏感性分析,从而得到准确的组合模型敏感性)。

(6)研究和开发复合领域,包括:①从大尺度计算模型中获取数据和其他特征信息;②开发有效利用此类信息的不确定度量化方法。

(7)开发相关技术,用于解决高维不确定输入问题。利用大量不确定输入参数表征问题中的一个重要子集,这些不确定输入参数通过子尺度物理现象(未纳入当前研究的数学模型中的物理现象)而相互关联,例如,粒子输运相关模型的相互作用系数。

（8）开发涵盖不确定度量化任务的算法和策略,以有效利用现存和将来的大容量并行计算机体系结构。

（9）开发优化方法,用于指导 VV&UQ 过程的资源分配,同时确定诸多不确定度的来源。

7.3.3 确认和预测研究

虽然许多 VV&UQ 任务引入了在数学领域内可以解析求解(原则上)的问题,但确认和预测过程还引入了一些额外问题,需要根据专业知识做出判断和进行求解。量化此类判断对 VV&UQ 结果产生的影响是一项挑战,即难以将其转化到数学领域。量化工作被纳入模型预测质量的评估过程,是改进 VV&UQ 数学基础的一个关键研究方向。

对于确认过程来说,"适用范围"是公认的重要概念,但如何定义适用范围仍是一个待解决问题。对于预测来说,如何表征模型与真实情况之间的偏差是当前迫切需要研究的方向,尤其是在外推机制的情况下。虽然现有文献中提及有简单地增加偏差模型以及嵌入物理动机偏差的模型(如方框 5.1),但促进模型与真实情况之间的联系,将可能拓宽适用范围,并提高外推预测的可信度。

尽管多模型集合可有效促进不确定度(由于模型缺陷引起的不确定度)的评估,但迄今为止,大部分方法主要采用的是简化集合,这就限制了实用性。虽然有总比没有好,但按照"将真实情况包含在模型集合范围内"的设计理念而严格构建的模型集合,最终可以为不确定度的评估奠定更为夯实的基础。同样,一些人提倡采用参数化程度更高的模型,增加完美再现真实情况的可能性(Doherty 和 Welter,2010),以获得更精准的预测不确定度。

利用大尺度计算模型寻找高后果的罕见事件,或者估计此类事件的发生概率,特别容易受到模型和真实情况之间偏差的影响。在此类情况下,模型一般属于对可用数据的外推,常常为极端外推,也需进行研究。

前文探讨了需要改进确认和预测方法的领域,相关详细内容,参见第 5 章。此处总结了一些有可能显著改进确认和预测方法的研究方向。

（1）开发方法和策略,用以量化确认和预测过程中的相关判断对 VV&UQ 结果的影响。

（2）开发有助于定义模型"适用范围"的方法,包括有助于定量化近邻概念、插值预测和外推预测的方法。

（3）开发相关方法，用以结合数学、统计、科学和工程原理，产生"外推"预测中的不确定度估计值。

（4）开发方法或框架，帮助解决将集合模型中模型之间的差异以及模型与现实之间的偏差联系起来的问题。

（5）开发模型偏差和罕见事件情况下不确定度来源的评估方法，特别是确认数据不足时。

此领域的许多研究应由特定领域专家、数学与统计学专家和计算建模者合作完成。委员会认为，就外推预测领域的发展而言，针对各领域（数学科学、计算科学、基础科学）单独进行筹资的传统筹资计划并不理想。

7.4 关于 VV&UQ 有效整合的教育改革

前几节概述了与大尺度计算模拟 VV&UQ 过程相关的现有实践途径和未来研究方向。尽管科学家、工程师和决策者应使用当前最佳实践途径，但要实现这一点，还需解决一些重要问题：①如何使相关人员掌握 VV&UQ 主要概念，以便使最佳实践途径成为常态；②如何培养下一代研究人员。本节探讨了数学科学领域的教育改革，旨在整合 VV&UQ，为将来改进方法和实践途径奠定基础。

正如本书通篇所讨论的，VV&UQ 过程会涉及多个广泛任务，可能需由掌握不同领域专业知识的人员来执行这些任务。相关人员应理解这些广泛任务及其含义。例如，虽然决策者不大可能执行代码验证任务，但应了解已进行 VV&UQ 的代码与未进行 VV&UQ 的代码之间的区别。相反，计算建模者应了解计算机代码的潜在用途，并清楚阐明计算模型的预测限制。

美国国家工程院（National Academy of Engineering，NAE）《2020 工程师：新世纪工程愿景》报告在执行摘要中给出了"提高风险预测能力和系统适应能力"的愿景（NAE，2004，第 3 页）。此报告将未来工程师定义为继续充当"制定解决方案，最小化完全失效风险"的角色（第 24 页）。美国土木工程师学会（American Society of Civil Engineers，ASCE）（ASCE，2006）《2025 愿景》报告将土木工程师的角色定义为：①风险和不确定度（自然事件、事故和其他威胁所导致的风险和不确定度）的管理者；②制定公共环境和基础设施政策所需讨论和决策的领导者。这使得我们有理由相信，类似表征也会出现在其他工程和科学学科领域。

一名科学家或工程师可能参与多项 VV&UQ 任务。在制定 VV&UQ 最佳实践途径方面，教育发挥着举足轻重的作用。教育和培训应面向正确的受众，这将在下文进一步探讨。

7.4.1　大学里的 VV&UQ

目前,已存在多个驱动因素(类似于 NAE 和 ASCE 的愿景)来推动 VV&UQ 的开发和实施,许多研讨会上也会着重探讨 VV&UQ 相关课题。工程、统计和计算机科学课程(通常是研究生课程)中会涉及一些选定课题,但关于 VV&UQ 的综合性知识还未纳入大多数本科生或研究生教育的核心课程。由于需要评估和管理传统数学建模的风险和不确定度,并保持对决策模型的信心,VV&UQ 的教育目标可能会涉及工程、统计和物理科学的所有本科生和研究生,包括:

(1)概率思维。

(2)基于科学的建模和基于工程的建模。

(3)数值分析和科学计算。

应注意的是,尽管第 1 项通常不是必需的教育目标,但一些科学和工程项目会涉及此类目标,而大部分概率统计项目或计算机科学项目通常不包含上述第 2 项和第 3 项教育目标。对于第 1 项和第 2 项,有必要确定与概率和科学应用相关的数学工具,以解决实际问题。对于第 2 项和第 3 项,有必要了解以下内容:如何将不确定度引入确定性物理定律,以及如何完成证据的加权,以做出基于模型的决策。

可以合理地认为,VV&UQ 激发了整合上述第 1 项至第 3 项目标的需求。VV&UQ 涉及统计、物理、工程和计算领域,但通常情况下,这几个领域都是分开进行探讨。为了理解这些区别,请注意不确定度与观测结果和计算模型都密切相关。这与物理过程本身无关,但与人们对这些过程的解释有关(体现在数学模型、假设和数据的不确定度)。(如果物理过程是随机的,则会引入另一种不确定度,但可采用数学模型进行解决。)这种看法也适用于运筹学、心理学和经济学等领域中基于经验的模型。计算科学与其允许探索的模型详细程度相关,更详细的模型有助于更好地推导真实过程。

目前,本科生通常学到的是现实模型,但课程未引入关于建模过程重要性的内容,也未涉及相关假设和不确定度的批判性评估。工程设计课程通常会向学生介绍一个既成事实,即知识缺乏和其他不确定度已整合到安全因素集合中。在学习概率和统计学的基本原理之前,学生们有时会选修高级科学和工程课程。工科本科生的概率和统计课程主要涉及数据分析(计算方法、均值、点估计和置信区间),并未引入许多关于 VV&UQ 领域的重要概念。

有关不确定度量化的现代课程体系应能让学生具备思考风险和不确定度的能力。这一教育目标应涵盖对风险性质的理解——在日趋复杂和相互关联的世界中,与工程设计过程和自然过程相关的风险。近期发生的事件就可以增强我们对风险普遍性的理解,包括日本核反应堆熔毁、深水地平线井喷、空客380超大型喷气式客机的发动机故障、冰盖加速融化等。这些问题包含多个层次,涉及多个传统学科的建模主题。现代课程应能使学生们认识到建模和模拟在以下三个方面发挥的作用:解决上述复杂问题;更清晰地评估暴露、危险和风险;提供相关信息,评估用于减轻此类危险和风险的技术策略。课程还应能使决策者、利益相关方和不确定度量化专家就不确定度和风险达到有效沟通。

这对大学项目意味着什么? 需纳入教育计划的内容将取决于具体的领域。工程和科学专业的学生通常要学习基于科学的建模、基于工程的建模、数值方法和计算。概率和统计学专业的学生需学习概率思维,可能还会涉及一些数值方法和计算。决策者(如管理专业的学生)很有可能只学习概率思维。下文简要讨论了对不同领域的含义。

建议:有效的 VV&UQ 教育需要鼓励学生比较和思考知识获取、使用和更新的方式。

实现这一建议的方式为:将 VV&UQ 相关组成部分作为基本的科学过程,纳入核心课程的最小子集单元(采取有利于实现目标的顺序)。考虑现有课程的约束,整合一门或多门新课程的备选方案也许没有可行性。

(1) 工程和科学。任何提议的教育计划都应遵循知识获取的逻辑顺序。可以制定一条顺序路线,首先引入整个科学和工程领域中不确定度的普遍性。例如,制定一些示例(例如,第1章和第5章所示的落球示例),用于解释与自然现象和工程系统相关的不确定度,推动这种方法的发展。再介绍概率思维,包括经典统计学和贝叶斯统计。可以将很多概念整合到现有课程中,而非在已经很拥挤的课程体系中引入新课程。在高级毕业设计课程中,可将工程设计过程作为一个决策过程呈现,旨在各种约束条件下完成竞争性替代方案的选择。这种呈现方式的额外优势在于,可向学生阐明各种设计范例或程序(通常以设计方案的形式呈现)之间的科学区别。也许有些项目已采用了这种方法,但并不常见。

(2) 应定期教导学生正确看待输入数据的不确定度及其所述答案中相应的不确定度。委员会鼓励传统课程教员提出关于输入信息不确定度的问题。

(3) 与工程师和科学家一样,概率和统计专业的学生应接受数学建模、计算和数值方法的培训。同样地,学习途径也应遵循特定学科核心培训的逻辑顺序。关键在于理解将概率思维融入科学过程的方式(例如,概率与数学建模相结合的方法)以及计算的局限性。

建议:概率思维、物理系统建模、数值方法和数值计算等要素应纳入科学家、

126

工程师和统计学家核心课程。

管理科学项目。以 VV&UQ 为代表的知识框架旨在评估问题(与给定信息不确定度相关的问题)答案的不确定度。虽然接受决策者培训的学生不大可能对计算建模感兴趣,但他们必须学习相关知识,以具备评估信息(用于决策的信息)质量和可靠性,以及评估信息推导限度的能力。在 VV&UQ 背景下,这可能意味着学生们应具备以下能力:确定是否对已进行 VV&UQ 的模型保持信心,或者理解根据观测结果做出的预测和未根据观测结果做出的预测之间的区别。

对于各个大学院系而言,率先将 VV&UQ 纳入其课程将是一项挑战。让有关单位分担工作量是实现这一目标的有效方法。美国能源部预测科学学术联盟计划为这一研究指明了前进道路。例如,密歇根大学辐射激波流体力学中心(Center for Radiative Shock Hydrodynamics,CRASH)将基本 VV&UQ 步骤课程纳入了研究生和本科生的课程体系,作为 CRASH 核心任务的一部分。更重要的是,在当前的背景下,该大学根据预测科学学术联盟计划,正在启动一个预测科学与工程领域的跨学科博士课程计划。参与该计划的学生仍然待在其自身院系,但会学习与 VV&UQ 相关的课程,并开发相应方法。(已设立了一门 VV&UQ 课程)得克萨斯大学计算与工程科学研究所的计算科学、工程和数学计划也包含类似的研究生课程计划。不难想象,类似的跨学科计划(也许是预测科学的证书计划)正走入大学本科工程、物理学、概率和统计专业,甚至是管理科学专业。

研究结果:随着授予机构的投资,涵盖 VV&UQ 方法的跨学科计划正在兴起。

建议:应为预测科学中的跨学科计划(包括 VV&UQ)提供支持,推动教育和培训,培养 VV&UQ 方法领域的高素质人才。

7.4.2 信息传播

VV&UQ 在理解计算模型、观测结果和专家判断等相关信息方面发挥着重要作用,且具有深远的影响。因此,应将 VV&UQ 的最佳实践途径传达给计算模型创建者和使用者以及大学计划中的教员。

为此,可以开展多项活动。例如,提供一些模型问题和解决方案,为教员提供帮助。本着这种精神,可以鼓励具备 VV&UQ 领域专业知识的人员撰写一篇或一系列文章,在教育期刊发表,介绍上述问题并概述解决方案。

建议:联邦机构应推动 VV&UQ 资料的传播,向教员和从业者传达相关信息。

这种做法将有助于分享重要想法,提供在课堂环境中实施这些想法的建议。按照同样的思路,美国国家工程院也许可以在其《桥梁》季刊中专门推出一期特刊,以介绍这类倡议。利用现有资源也很重要,例如美国统计学会的《统计教育评估和教学指南》,该指南主要涉及 VV&UQ 领域的统计部分,强调了理解数据建模、数据分析、数据解释和决策的必要性。针对现有从业者,应经常将教育活动纳入会议,通过数学科学研究所(例如,北卡罗来纳州三角研究园的统计和应用数学科学研究所、加利福尼亚州伯克利的数学科学研究所)执行。

7.5 结　语

本章意在展望 VV&UQ 的未来,并总结了委员会对其任务的响应。委员会确定了我们认为有用的关键原则,明晰了使用 VV&UQ 解决计算科学和工程领域中难题的最佳实践途径。此外,委员会还确定了有望增强支撑 VV&UQ 过程作用的数学基础研究领域。最后,委员会讨论了专业人员教育和信息传播方面的改变,这些改变应能提高未来 VV&UQ 从业者改进 VV&UQ 方法、正确利用 VV&UQ 方法解决难题的能力,增强 VV&UQ 用户理解 VV&UQ 结果并利用这些结果做出明智决策的能力,提升所有 VV&UQ 利益相关方相互沟通的能力。委员会提出其观察的结果和建议,希望这些结果和建议有助于 VV&UQ 团体继续改进 VV&UQ 过程并扩大其应用范围。

7.6 参 考 文 献

[1] ASCE (American Society of Civil Engineers). 2006. Vision 2025. Available athttp://www.asce.org/uploadedFiles/Vision_2025. Accessed September 7,2011.

[2] Doherty,J.,and D. Welter. 2010. A Short Exploration of Structural Noise. Water Resources Research 46: W05525.

[3] Liu,F.,M. J. Bayarr,and J. Berger. 2009. Modularization in Bayesian Analysis,with Emphasis on Analysis of Computer Models. Bayesian Analysis 4:119 - 150.

[4] Morris,M. 1991. Factorial Sampling Plans for Preliminary Computational Experiments. Technometrics 33(2): 161 - 174.

[5] NAE (National Academy of Engineering). 2004. The Engineer of 2020:Visions of Engineering in the New Century. Washington,D. C. :The National Academies Press.

[6] Oreskes, N. , K. Shrader – Frechette, and K. Berlitz. 1994. Verification, Validation, and Confirmation of Numerical Models in the Earth Sciences. Science 263(5147) :641 – 646.

[7] Randall, D. A. , R. A. Wood, S. Bony, R. Colman, T. Fichefet, J. Fyfe, V. Kattsov, A. Pitman, J. Shukla, J. Srinivasan, R. J. Stouffer, A. Sumi, and K. E. Taylor. 2007. Climate Models and Their Evaluation. Pp. 591 – 648 in Climate Change 2007 : The Physical Science Basis. Contribution of Working Group I to the Fourth Assessment Report of the Intergovernmental Panel on Climate Change. S. D. Solomon, D. Qin, M. Manning, Z. Chen, M. C. Marquis, K. B. Averyt, M. Tignor, and H. L. Miller (Eds.). Cambridge, U. K. : Cambridge University Press.

附　　录

附录 A　术　　语

表 A.1　与验证、确认和不确定度量化相关的术语表

术语,包括同义词和交叉引用	定义	注释及说明
准度 另见精度	某量的估计值与其真实值之间的一致程度(根据国际风险分析协会(SRA)术语表[a])	参见精度中的注释
伴随映射	已知从输入向量空间到输出向量空间的映射(即正演模型),伴随是输出空间上的线性实值函数的向量空间到输入空间上的线性实值函数的向量空间之间的关联映射。已知输出空间上的线性实函数,首先将原始映射应用于输入空间中的任何指定向量,然后将给定的线性实函数应用于输出空间,以获得输入空间上的线性实函数	在不能直接观察到输入和输出向量时,伴随映射是确定原始映射的属性的关键。伴随映射在映射理论中发挥着重要作用,例如,用于确定反问题的可解性、稳定性和敏感性、格林函数以及映射输出相对于输入的导数。伴随的具体公式和评估在很大程度上依赖于原始映射(即正演模型)的属性以及输入和输出空间。对于非线性映射,则需小心谨慎
偶然不确定度 同义词:偶然概率、偶然不确定度、系统误差 另见概率、认知不确定度	一种对未知事件不确定度的衡量标准,所述事件的发生会受到一些随机物理现象的影响,这些现象要么①因具有足够的信息(如掷骰子)在原则上可预测,要么②在本质上不可预测(放射性衰变)[b]	参见认知不确定度
算法	为数有限的定义明确的指令列表,在执行时经过有限数量的定义明确的连续状态,最终终止并产生一个输出参数	指令和执行未必具有确定性;一些算法包含随机输入参数(见蒙特卡罗模拟)
近似值 另见估计值(概率模型中参数的估计值)	计算或评估的结果可能不完全正确,但足以满足特定目的的需求[c]	

术语,包括同义词和交叉引用	定义	注释及说明
平均值 同义词:算术均值,样本均值。参见均值	n 个数的和除以 $n^{d,e,f}$	平均是指涉及一组(n个)数字的简单算术运算。 该术语经常与均值(或期望值)相混淆,而均值是概率分布中的一种属性。造成这种混淆的一个原因是,一组实现随机变量的平均值通常也是对随机变量分布均值的一个很好的估计量
贝叶斯方法 另见先验概率	一种在概率模型中使用观测结果(数据)约束不确定参数的方法。约束不确定度由后验概率分布进行说明,后验概率分布是利用贝叶斯定理将先验概率分布与观测结果的概率模型相结合而产生的	在大多数问题中,可利用贝叶斯方法产生描述所有模型参数联合不确定度的高维概率分布。此种后验分布的泛函或积分通常用来概括后验不确定度。一般采用数值近似或抽样方法(如马尔可夫链蒙特卡罗)产生汇总结果
代码验证 另见验证、解验证	确定和记录计算机程序("代码")求解数学模型方程准度的过程	
计算模型 同义词:计算机模型。参见模型(模拟)	用于(近似)求解数学模型方程的计算机代码	在基于物理的应用中,计算模型可能进行物理规律编码,如质量守恒或动量守恒。在其他应用中,计算模型也可能产生蒙特卡罗或离散事件实现
条件概率 另见概率	某事件在假设(即"有条件")其他特定事件已经发生条件下的发生概率	在贝叶斯方法中,后验分布是取决于物理观测结果的条件概率分布。重要的是要注意,主观评估的概率以概率评估时的知识状况为基础
置信区间 同义词:区间	根据预先确定的规则从一个样本中确定的一系列值$[a,b]$。应正确选择所述规则,确保同一组的重复随机样本中,计算范围的分数 α 将包括一个未知参数的真值。a 值和 b 值为置信限;α 为置信系数(通常设为 0.95 或 0.99);$1-\alpha$ 为置信度(根据 SRA 术语表)[a]	不应将置信区间解释为参数本身必然具有一系列值;它仅有一个值。置信限 a 和 b 针对任何给定的样本都定义了一个随机范围,在该范围内,关注参数将取决于概率 a(假设实际组满足初始假设)

术语,包括同义词和交叉引用	定义	注释及说明
约束不确定度 另见贝叶斯方法	有关参数、预测或其他实体的不确定度。此不确定度已通过整合附加信息(如新的物理观测结果)降低	本书中的大多数示例都采用贝叶斯方法约束不确定度,以物理观测结果为条件,产生参数和预测的后验分布
连续随机变量 另见累积分布函数、概率密度函数	如果一个随机变量 X 具有一个绝对连续的累积分布函数,则此随机变量是连续的[d]	
累积分布函数 同义词:累积分布、 累积分布函数、 分布函数。 另见概率密度函数、概率分布	随机变量 X 小于或等于值 x 的概率;写作 $P\{X \leqslant x\}$[f,g]	对于任何随机变量,累积分布函数总是存在的;它在 x 是单一非递减函数,概率:$0 \leqslant P\{X \leqslant x\} \leqslant 1$。如果 $P\{X \leqslant x\}$ 在 x 是绝对连续的,那么 X 可称为连续随机变量;如果它在有限或可列无限个 x 值上是非连续的,或者为常数,X 则可被称为离散随机变量
数据同化	一种递归过程,用于产生关于某些过程的不确定度预测,通常用于天气预报和地球科学的其他领域。在给定的迭代中,新的物理观测结果与模型预测相结合,产生系统当前状态的更新预测和更新估计	组合方法通常基于贝叶斯推理。数据同化方法示例包括卡尔曼滤波、集合卡尔曼滤波和粒子滤波
数据验证和确认	验证数据内部一致性和正确性,并确认它们是否表征了适合其预期目的或预期目的范围的实际实体的过程[h]	
离散随机变量 另见累积分布函数	对于一组有限的或可数无限值,具有非零概率的一种随机变量[b]	
认知不确定度 同义词:认知概率。 另见偶然不确定度	知识体系不完善引起的命题不确定度的表征。这些命题可能是关于过去或未来的事件[b]	认知不确定度的一些示例:(1)描述地球表面重力加速度不确定度的概率密度函数;(2)确定实际执行所需维护程序的概率
(概率模型中参数的)估计。另见近似值	通过样本数据评估未知量值的程序[e]	估计程序通常基于统计分析,包括效率、有效性、限制性、偏差程度等。最常见的参数估计方法是"最大似然"法和矩量法。根据贝叶斯方法,可通过后验分布确定均值、中间值或最可能值,从而产生估计值

术语,包括同义词和交叉引用	定义	注释及说明
期望值 同义词:期望 另见均值	随机变量 X 的概率分布的第一个矩量;通常表示为 $E(X)$,并且如果 X 是一个离散随机变量,定义为 $\sum x_i p(x_i)$;如果 X 是一个连续随机变量,则定义为 $\int xf(x)\mathrm{d}x$ [d,f]	
外推预测 另见插值预测	在模型确认过程条件之外的设置(初始条件、物理状态、参数值等)下,使用模型对关注量进行陈述	
表面确认 另见确认	一种对模型的非定量的"理性检查",要求模型的结构内容和输出参数与人们理解和认同的形式、范围等内容保持一致	表面确认本身不应用作正式的确认过程。相反,应将其用于模型开发的指导、敏感性分析的设计等
正问题 另见反问题	在考虑所有必要输入参数(初始条件、参数等)的情况下,使用模型产生潜在的可观测关注量	
正向传播 同义词:不确定度传播 (Uncertainty Propagate, UP)另见正问题	量化模型响应的不确定度(模型输入参数的不确定度通过模型进行传播而引起的不确定度)	
全局统计敏感性分析 另见敏感性分析	研究如何将输出参数中的不确定度或模型的关注量(数值或其他)分配到模型输入参数的不同不确定度来源中。术语"全局"确保分析过程不仅仅考虑部分或逐个的影响。因此,相互作用和非线性是全局统计敏感性分析中的重要组成部分	考虑相互作用和非线性的情况,全局统计敏感性分析不同于局部或逐个的敏感性分析
输入验证 另见验证	确定模型或模拟中的输入数据是否准确表征开发人员预期的过程(DOD,2009[h])	
插值预测 另见外推预测	使用模型对已确认模型的机制中的关注量进行说明	实际应用中可能很难确定特定预测是否为插值预测
嵌入式方法 另见非嵌入式方法 (黑盒方法)	探索计算模型(需要重新编码的模型)的方法。进行这样的重新编码可能是为了使用伴随方程有效地产生导数信息,以便进行敏感性分析	

术语,包括同义词和交叉引用	定义	注释及说明
反问题 另见正问题	使用数据、测量结果或观测结果对模型不确定参数进行的估计	通常情况下,反问题被演化为一个优化问题,最大程度地将观测输出参数和模型预测输出参数之间"差异"的适当测度降至最低(带有对某些参数值的约束或亏损)
保真度 另见确认	模型描述实际过程的详细程度。相关特征可能包括模型中几何结构、模型对称性、维度或物理过程的描述。相较于低保真度模型,高保真度模型可以捕捉更多的这些特征	高保真度并不一定意味着,模型将为系统提供高度准确的预测
似然 另见概率、不确定度	事件的似然程度 $L(A \mid D)$。(A 为给定数据 D 为一个特定的模型),通常被认为与 $P(D \mid A)$ 成比例,比例常数为任意值[i]	在非正式用法中,"似然"通常是概率或频率的定性描述。然而,描述不满足概率公理的一些现象也很常见
线性回归 同义词:回归 另见非线性回归	自变量中待拟合函数为线性时的回归	
马尔可夫链蒙特卡罗法	一种抽样技术,构建一个马尔可夫链,从一个典型复杂的多变量分布中产生蒙特卡罗样本。然后将获得的样本用于估计分布的泛函	与基于网格的抽样方法相比,马尔可夫链蒙特卡罗法所需点通常要少得多。尽管如此,随着正问题的复杂度越来越高,并且参数空间维数也在不断增加,马尔可夫链蒙特卡罗法也面临着棘手的难题
数学模型 同义词:概念模型 另见模型(模拟)	使用数学语言(方程组、不等式等)描述系统行为的模型	
均值 另见期望值、平均值	概率分布的第一个矩量,与期望值有相同的数学定义。均值是代表分布中心趋势的参数[d,e,g,j]	
测量误差	测量值和测量仪器拟测量之间的偏差[k]	测量误差通常被分解成重复变化和偏差两部分

术语,包括同义词和交叉引用	定义	注释及说明
模型(模拟) 另见模拟	以易于操纵的形式展示世界的某一部分。数学模型是用数学语言描述系统行为的抽象概念[1]	数学模型用于帮助我们理解现实世界的某些方面,并帮助我们做出决策。数学模型也是有价值的修辞工具,用于展示支持各种决定的基本原理,因为它们可以考虑透明度和其他人对结果的复制。然而,只有在经过设计的背景下,模型与现实世界的关系(经确认)才是好的
模型偏差 同义词:模型不当、结构误差	说明或描述系统模型和真实物理系统之间差异的术语	在某些情况下,模型偏差是模型预测中不确定度的主要来源。当相关物理数据可用时,模型偏差的估计具有可行性。当相关物理观测结果不可用时,则难以估计模型偏差
蒙特卡罗模拟 另见模型(模拟)	一种模型,其构造使得从定义的概率分布中大量随机抽取的输入参数将产生一些输出参数,这些参数代表一系列事件中的特定系统、现象、结果等随机行为[m]	模拟的每一组"运行"质上代表了一系列实验的结果。因此,模拟输出数据的分析需要适当的实验设计,然后使用统计技术来估计参数、验证假设等
多尺度现象	代表非线性系统动力学的方程,它结合了物理维度和/或时间的许多尺度的行为	多尺度现象的分析为数值分析和相关软件带来了许多挑战,因此从一个尺度到另一个尺度的结果的耦合可能导致模型输出参数的不稳定性,以至于输出参数可能无法表征物理现实
多变量自适应回归样条另见回归	非参数回归分析的一种形式(通常是线性回归的扩展),它以样条形式(例如,具有平滑一阶和二阶导数的函数)自动表示非线性和相互作用[n]	
非嵌入式方法(黑盒方法)	进行敏感性分析或正向传播,或者解决反问题(计算模型只需正向运行)方法,可有效地将模型视为一个黑箱	
非线性回归另见回归、线性回归	自变量中待拟合函数为非线性时的回归	

术语,包括同义词和交叉引用	定义	注释及说明
参数	在任何计算程序中保持不变的数学函数中的项。这些可能包括初始条件、物理常数、边界值等	通常将参数固定为假设值,或基于物理观测结果估计参数。或者,有关参数的不确定度可能受到物理数据的约束
混沌多项式 同义词:PC,Wiener 混沌展开 另见蒙特卡罗模拟	随机变量和过程的参数化,有助于表征输入和输出量之间的转换。结果表征类似标准化随机变量的响应面,并且容易评估,产生有效的输出变量抽样过程	这些表征中的系数可以通过多种方式进行估计,包括用 Galerkin 投影、最小二乘法、摄动展开、统计抽样和数值求积
后验概率 参见贝叶斯方法、先验概率	概率分布描述了在观测和调整数据后,统计模型中的关注参数(以及其他可能的随机量)的不确定度	贝叶斯方法通过对数据(通常是物理观测结果)进行调整来更新先验概率分布,从而为相同的参数产生后验分布。通常关注的是关注量的后验预测分布,描述物理系统关注量的不确定度
精度 另见准度	表述一个值时隐含的确定程度,反映在用来表示该值的有效数字的数量上——数字越多,精度越高(根据 SRA 术语表[a])	考虑两种陈述,评估比尔·盖茨的净资产(以 W 表示),精确但不准确的评估值是“$W = 123472.89$ 美元”,不精确但准确的评估值是“$W > 60$ 亿美元”
预测不确定度	与现实世界过程的关注量的预测相关不确定度。预测不确定度可以通过关注量的后验分布、预测分布、置信区间或可能的一些其他表征来描述	这是一个关于现实的陈述,给定的信息来自一个典型的分析,包括一个计算模型,物理观测结果以及可能的其他信息来源
先验概率 同义词:先验概率 另见贝叶斯方法、后验概率	在物理观测结果可用之前,分配给统计模型中关注参数(以及其他可能的随机量)的概率分布	贝叶斯方法通过调整物理观测结果更新这种先验概率分布,以便为相同的参数产生后验分布。可以根据专家判断数据或先前数据获得先验分布,或者针对分析将其指定为“中立”
概率 另见似然、条件概率、偶然不确定度、主观概率	分配给随机事件集合(样本空间的子集)的一组介于 0 和 1 之间的数值中的一个,分配的数值遵循两个公理: (1)对于任何事件 A,$0 \leqslant P\{A\} \leqslant 1$; (2)对于两个互斥事件 A 和 B,$P\{A\} + P\{B\} = P\{A \cup B\}$[j]	该定义适用于所有不确定度的量化:主观不确定度或频率不确定度

术语,包括同义词和交叉引用	定义	注释及说明
概率密度函数	绝对连续累积分布函数的导数[j] 对于标量随机变量 X,一个函数 f,对于任意两个数,a 和 b,$a \leqslant b$,$P\{a \leqslant X \leqslant b\} = \int_a^b f(x)\mathrm{d}x$	概率密度函数是表示连续随机变量概率分布的常用方法,因为它的形状通常显示集中趋势(均值)和可变性(标准偏离)。根据其定义,$P\{a < X \leqslant b\}$ 是 a 和 b 之间的概率密度函数的组成
概率分布	参见累积分布函数	
引导概率 同义词:概率评估、主观概率	以关于未来事件的概率陈述的形式收集、构建和编码专家判断(关于不确定事件或数量)的过程[o]	有许多种引导概率的方法,其中最常见的是那些用于获得先验主观概率的方法。请注意,引导概率的结果有时被称为概率评估或分配
关注量	被建模系统的一个数字特征,其值受到利益相关者的关注,通常是因为其告知了一个决策。为了更有用,该模型必须能够提供作为输出参数的关于关注量的值或概率陈述	
降阶模型 同义词:仿真器	一种低保真度模型,用于替代(或增强)计算要求高的高保真度模型	对于高计算需求的分析(如敏感性分析、不确定度的正向传播、反问题求解)过程而言,降阶模型特别有用,原始模型无法实现这种分析。有时,降阶模型"分解"了"基于物理"模型的各个方面,从而被称为"物理盲"模型
回归 另见:线性回归、非线性回归	一种统计分析形式,其中观测数据用于统计拟合一个数学函数,该函数将数据(即因变量)表示为一组参数以及一个或多个自变量的函数	
响应面 另见敏感性分析	根据模型输入预测模型输出的函数。响应面通常根据回归、高斯过程建模或一些其他估计或插值程序从模型运行的集合中估计	可以像降阶模型一样使用响应面来执行高计算需求的分析(如敏感性分析、正向传播、求解反问题)。由于响应面不能精确再现计算模型,响应面方法产生的结果通常会有额外误差
鲁棒性分析 另见敏感性分析	对于指定模型,用于分析与"最佳"决策的偏离程度的程序,提供了理想标准的次优值。这种偏离可能是由于模型公式、假设参数值等的不确定度而造成	

术语,包括同义词和交叉引用	定义	注释及说明
敏感性分析 另见鲁棒性分析	通常通过数值(而非分析)手段探索模型输出参数(尤其是关注量)如何受到输入(参数值、假设等)变化的影响	
模拟 同义词:模型 另见蒙特卡罗模拟	使用计算机代码模拟实际系统	许多不确定度量化方法使用模拟集成或模型运行来构建仿真器,以进行敏感性分析等
解验证 另见验证、代码验证	尽可能完全确定算法求解特定关注量的数学模型方程的准度的过程	
标准偏离 另见方差	分布方差的平方根[j]	
随机 另见概率	与一系列观测结果有关,每一个观测结果都可以被认为是概率分布的样本	通常非正式地用作"概率"的同义词
主观概率 另见引导概率	专家以对未来事件的概率陈述的形式,对不确定事件或数量的判断。这不是基于任何精确的计算,而是由专业人员进行的合理评估	
不确定度 另见概率、偶然概率、认知不确定度	对某事不确定的状态;缺乏保证或信心[c]	在本书中,不确定度经常被描述为关于真实物理系统的关注量。这种不确定度取决于模型预测,以及 VV&UQ 评估中包含的其他信息。这种不确定度可以通过概率来描述
不确定度量化	量化关注量计算值不确定度的过程,旨在阐明所有不确定度的来源,并量化特定来源对总不确定度的影响	更广泛地说,可将不确定度量化视为一个研究领域,其利用和开发理论、方法和途径,借助计算模型,以推导复杂系统
确认	从模型的预期用途来看,确定模型表征现实世界的准度的过程[p]	
方差 另见标准偏离	概率分布的第二个矩量,定义为 $E(X-\mu)^2$,其中 μ 是随机变量 X 的第一个矩量	方差是分布平均值周围可变性的一个常用度量。它的平方根(即标准偏离)有着随机变量的维度单位,是一个更直观有意义的平均值离散值的度量

138

（续）

术语，包括同义词和 交叉引用	定 义	注释及说明
验证 另见代码验证、解验证	确定计算机程序（"代码"）是否正确解出预期算法的过程。包括代码验证（确定代码是否正确执行预期算法的过程）和解验证（确定算法求解特定关注量数学模型方程的准度）	

a   Society for Risk Analysis（SRA），Glossary of Risk Analysis Terms. Available at sra. org/resources_glossary. php.

b   Cornell LCS Statistics Laboratory. See http://instruct1. cit. cornell. edu:8000/courses/statslab/Stuff/indes. php.

c   American Heritage Dictionary. 2000. Boston：Houghton，Mifflin.

d   Glossary of Statistics Terms. Available at http://www. stat. berkeley. edu/ users/stark/SticiGui/Text/gloss. htm.

e   Statistical Education Through Problem Solving［STEP］Consortium. Available at http://www. stats. gla. ac. uk/steps/index. html.

f   W. Feller. 1968. An Introduction to Probability Theory and Its Applications. New York，N. Y. ：Wiley.

g   J. L. Devore. 2000. Probability and Statistics for Engineering and the Sciences. Pacific Grove，Calif. ：Duxbury Press.

h   DOD（Department of Defense）. 2009. Instruction 5000. 61. December 9. Washington，D. C.

i   A. W. F. Edwards. 1992. Likelihood. Baltimore，Md. ：Johns Hopkins University Press.

j   S. M. Ross. 2000. Introduction to Probability Models. New York：Academic Press.

k   Duke University. 1998. Statistical and Data Analysis for Biological Sciences. Available at http://www. isds. duke. edu/courses/Fall98/sta210b/ terms. html.

l   R. Aris. 1995. Mathematical Modelling Techniques，New York：Dover.

m   E. J. Henley and H. Kunmamoto. 1981. Reliability Engineering and Risk Assessment. Upper Saddle River，N. J. ：Prentice – Hall.

n   J. H. Friedman. 1991. Multivariate Adaptive Regression Splines. The Annals of Statistics 19（1）：1 – 67.

o   M. S. Meyer and J. M. Booker. 1998. Eliciting and Analyzing Expert Judgment. LA – UR – 99 – 1659. Los Alamos，N. Mex. ：Los Alamos National Laboratory.

p   American Institute for Aeronautics and Astronautics. 1998. Guide for the Verification and Validation of Computational Fluid Dynamics Simulations. Reston，Va. ：American Institute for Aeronautics and Astronautics.

附录 B 缩　写　词

AD	Automatic Differentiation	自动微分
AMR	Adaptive Mesh Refinement	自适应网格加密
ASCE	American Society of Civil Engineers	美国土木工程师学会
CAD	Computer – Aided Design	计算机辅助设计
CPU	Central Processing Unit	中央处理器
CRASH	Center for Radiative Shock Hydrodynamics	辐射激波流体力学中心
DEIM	Discrete Empirical Interpolation Method	离散经验插值方法
DOD	Department of Defense	美国国防部
DOE	Department of Energy	美国能源部
EIM	Empirical Interpolation Method	经验插值方法
EMI	Electromagnetic Interference	电磁干扰
GP	Gaussian Process	高斯过程
gPC	generalized Polynomial Chaos	广义混沌多项式
IPCC	Intergovernmental Panel on Climate Change	政府间气候变化专门委员会
LANL	Los Alamos National Laboratory	洛斯阿拉莫斯国家实验室
LLNL	Lawrence Livermore National Laboratory	劳伦斯利弗莫尔国家实验室
MASA	Manufactured Analytic Solution Abstraction	人造解析解提取
MC	Monte Carlo	蒙特卡罗
MCMC	Markov Chain Monte Carlo	马尔可夫链蒙特卡罗
MME	Multimodel Ensemble	多模型集合
MMS	Method of Manufactured Solutions	人造解方法
MPS	Division of Mathematics and Physical Sciences (National Science Foundation)	数学物理科学部（美国国家科学基金会）
M/U	Margin – to – Uncertainty (Ratio)	裕度比不确定度
NAE	National Academy of Engineering	美国国家工程院
NASA	National Aeronautics and Space Administration	美国国家航空航天局
NNSA	National Nuclear Security Administration	美国国家核安全局

NSF	National Research Council	美国国家研究理事会
NRC	National Science Foundation	美国国家科学基金会
NWS	National Weather Service	美国国家气象局
ODE	Ordinary Differential Equation	常微分方程
PC	Polynomial Chaos	混沌多项式
PDE	Partial Differential Equation	偏微分方程
PDF	Probability Density Function	概率密度函数
PECOS	Center for Predictive Engineering and Computational Sciences	预测工程和计算科学中心
POD	Proper Orthogonal Decomposition	本征正交分解
PSAAP	Predictive Science Academic Alliance Program	预测科学学术联盟计划
QMU	Quantification of Margins and Uncertainty	裕度和不确定度量化
QOI	Quantity of Interest	关注量
SA	Sensitivity Analysis；Spalart – Allmaras	敏感性分析；Spalart – Allmaras
SC	Stochastic Collocation	随机配置
SNL	Sandia National Laboratories	桑迪亚国家实验室
SPICE	Simulation Program with Integrated Circuit Emphasis	集成电路仿真程序
SQA	Software Quality Assurance	软件质量保证
SSP	Stockpile Stewardship Program	库存管理计划
SUPG	Streamline – Upwind/Petrov – Galerkin	流线迎风格式/Petrov – Galerkin
TPM	Tire Ressure Monitoring	胎压监测
TPS	Thermal Protection System	热防护系统
UQ	Uncertainty Quantification	不确定度量化
V&V	Verification and Validation	验证和确认
VV&UQ	Verification，Validation，and Uncertainty Quantification	验证、确认和不确定度量化

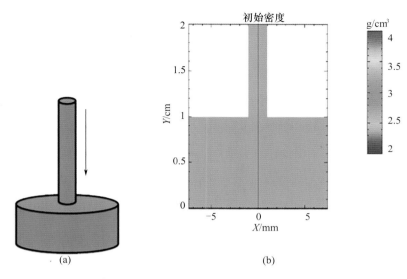

图 2.1 铝棒撞击圆柱形铝板示意图(资料来源:Thompson,1972)

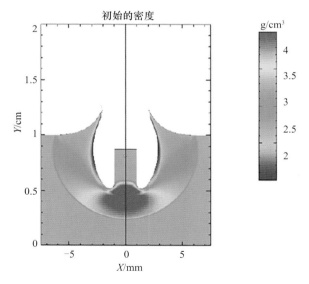

图 2.2 模拟结束时的铝棒;该图显示了穿过系统(最开始为两个圆柱体)的一个切片。
采用了不同颜色表示密度(资料来源:Thompson,1972)

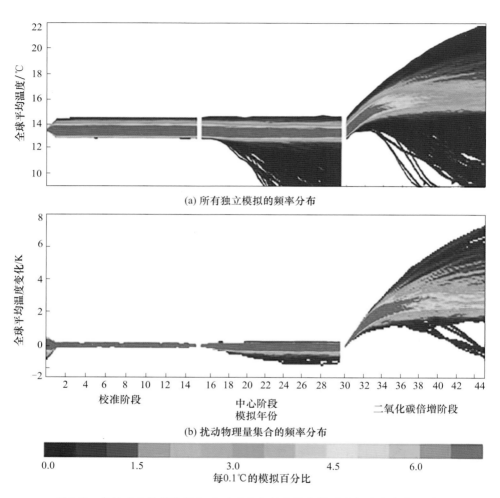

(a) 所有独立模拟的频率分布

(b) 扰动物理量集合的频率分布

0.0　　　　　1.5　　　　　3.0　　　　　4.5　　　　　6.0
每0.1℃的模拟百分比

图 2.3　在校准和控制阶段之后,(a)当初始条件和模型参数均发生变化时,
以及(b)当只有模型参数发生变化时,考虑了 15 年间二氧化碳强迫倍增
对全球平均温度的影响(资料来源:Stainforth 等,2005)

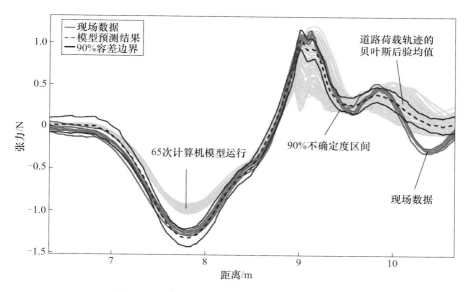

图 5.5　分析结果(资料来源:Bayarri 等,2007b)

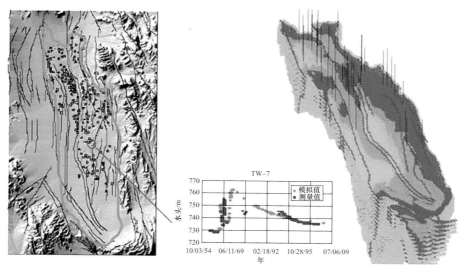

(a) 黑色圆圈表示核试验的研究地点。绿色轮廓圈出的是被建模的区域。红色圆圈表示试验井的位置,其数据绘制在(c)中。

(b) (a)中红色圆圈标识的试验井随时间变化的液压区水位数据。

(c) 高保真模型的计算模型网格包括含水层(浅蓝色和深蓝色)、弱含水层(橙色和绿色)和断层(红色)线。黑线表示试验井位置。

图 6.1　内华达州丝兰平地试验场水量增量不确定度量化

算例示意图(资料来源:Keating 等,2010)